サステナビリティ経営
Sustainability Management

－JISQ14001：2015 及び環境マニュアル付－

井上 尚之

はしがき

　現代経営は、「サステナビリティ経営：Sustainability Management」と言われる。つまり「サステナビリティ経営」を知らずして経営を語ることは出来ない。本書は、この「サステナビリティ経営」を分かり易く解説した書である。現代経営学を知るためには、「環境経営」「CSR」「Sustainable Development」「ISO14001」「トリプルボトムライン」「ISO26000」「GRI」「SDGs」「CSV」「グローバル・コンパクト」「SRI」「ESG」「国連責任投資原則」「スチュワードシップ・コード」「コーポレートガバナンス・コード」「MFCA」等々の用語を知ることが必須である。本書はこれらの用語を歴史的経緯も踏まえて、分かり易く解説している。

　日本における企業経営を歴史的に辿ると「環境経営」⇒「CSR経営」⇒「サステナビリティ経営」という系譜になる。CSR（Corporate Social Responsibility 企業の社会的責任）に関しては、日本、アメリカ、EUで起源が異なる。日本では1996年の国際環境マネジメント規格ISO14001発行と共に「環境経営」という言葉が流行した。つまり1960年代の経済成長に伴って起きた水俣病に代表されるような環境問題の解決と予防に最重点を置く経営が日本では行われてきた。この環境重視の経営にマッチしたマネジメントシステムがISO14001であった。そして日本はISO14001発行のわずか2年後の1998年に世界一のISO14001認証取得国になり、このISO14001をベースに本業に即した環境保全を目指す経営が「環境経営」ともてはやされたのであった。日本ではCSRの前にまず環境が存在したのであった。これに対してアメリカではカーネギーやロックフェラーの例を挙げるまでもなく、成功企業のフィランソロピー（慈善活動）がCSRの起源である。一方EUは、日・米とは異なり1993年のマーストリヒト条約発効によるEU誕生から現在に至るまで、移民問題とそれに起源を有する失業問題、特に若年失業率の高さに苦しんだ。国家を超えた地域統合体であるEUには、雇用を中心とする社会問題の解決を国家ではなく企業に求めようという意識が強い。換言すれば、CSRの起

源は日本では環境問題解決、アメリカではフィランソロピーさらに言えば収入の格差是正、EUでは失業問題解決にあったといっても過言ではない。つまり、この日本・アメリカ・EUのCSR起源を統合して、環境問題解決に加えて格差是正や失業率減少などを実行して社会問題を解決していこうとする経営が「CSR経営」である。そしてこのCSR経営に「持続可能な開発（Sustainable Development）」を加えた経営が「サステナビリティ経営」といえよう。

　本書はこれらを含めて、「サステナビリティ経営」に至る道を分かり易く解説している。

　さらに第6章では、新エネルギーを中心とする環境技術と環境ビジネスを丁寧に解説した。

　第2部では日本にける「サステナビリティ経営」の基礎となったISO14001:2015の規格について、実際に『環境マニュアル』を作成して詳述している。本書は、初学者にも分かり易いようにできるだけ多く具体例を取り入れた。本書による諸君の勉学を期待する。

2018年春　博士（学術）　井上 尚之

＊本書は、2019年度環境経営学会「実践貢献賞」を受賞した。

サステナビリティ経営　目次

　　はしがき　　　　　　　　　　　　　　　　　　　　　p.3

第1部　サステナビリティ経営
第1章　環境経営とは
　　第1節　環境経営とは何か？　　　　　　　　　　　　p.11
　　第2節　「持続可能な発展」に向けてのアメリカの環境政策の歴史　　p.11
　　第3節　「持続可能な発展」に向けての日本の環境政策の歴史　　p.14
　　第4節　公害対策基本法と環境庁設置　　　　　　　　p.16
　　第5節　「持続可能な開発（発展）」という言葉の登場　　p.18
　　第6節　1990年代―地球環境問題の出現　　　　　　　p.19
　　第7節　地球サミットと京都議定書　　　　　　　　　p.23
　　第8節　気候変動枠組み条約ＣＯＰ３－京都会議　　　p.25
　　第9節　環境基本法と循環型社会形成推進基本法　　　p.27
　　第10節　パリ協定　　　　　　　　　　　　　　　　p.30
第2章　日本における環境経営の本格始動
　　第1節　ISO14001:1996 発行　　　　　　　　　　　　p.34
　　第2節　ISO14001 の概要　　　　　　　　　　　　　p.36
　　第3節　トヨタの環境経営　　　　　　　　　　　　　p.37
　　第4節　３Ｒからゼロエミッションへ　　　　　　　　p.38
　　第5節　環境経営とサステナビリティ経営の違い　　　p.40
　　第6節　社会的な影響に配慮するとはどういうことか
　　　　　　　　　－トリプルボトムラインの登場　　　　p.41
　　第7節　2003年は日本のＣＳＲ経営元年　　　　　　　p.42
第3章　ISO26000とサステナビリティ経営
　　第1節　CSRの国際規格 ISO26000 の発行　　　　　　p.48
　　第2節　ISO26000における社会的責任を果たすための７つの原則　　p.49
　　第3節　社会的責任の７つの中核主題　　　　　　　　p.50

第4節	組織にとってのISO26000を順守するメリットはなにか	p.56
第5節	ISO26000の具体例	p.56
第6節	中小企業にISO26000を広め定着させる企業市民制度	p.58
第7節	ＧＲＩとは何か	p.60

第4章　国連主導のＣＳＲ－ＳＤＧｓ

第1節	SDGs持続可能な開発目標とは何か	p.63
第2節	SDGsの前にMDGsがあった	p.63
第3節	SDGsの17目標とアイコン	p.64
第4節	SDGsの将来	p.70
第5節	SDGsをサステナビリティレポートに載せた企業の具体例	p.72
第6節	SDGsの環境分野はISO14001の環境側面として使える	p.75
第7節	グローバル・コンパクト	p.91
第8節	その他の宣言等	p.91

第5章　ＣＳＶ登場

第1節	CSVとは何か	p.100
第2節	ポーターの立ち位置	p.103
第3節	日本企業のCSR基準・報告書名称と形態	p.105
第4節	CSVは新しい理論なのか	p.106
第5節	中小企業がとるべきCSVへの道	p.109
第6節	SRIとESG投資	p.111
第7節	日本版スチュワードシップ・コード	p.113
第8節	東京証券取引所　コーポレートガバナンス・コード	p.116
第9節	スチュワードシップ・コードとコーポレートガバナンス・コードの関係	p.117
第10節	サステナビリティ経営とESG経営	p.117
第11節	マテリアルフローコスト会計（MFCA）とは何か	p.118
第12節	MFCAは日本主導でISO化＝ISO14051	p.121

第6章　環境技術と環境ビジネス

| 第1節 | 再生可能エネルギーと新エネルギー | p.122 |
| 第2節 | 新エネルギー──太陽光発電 | p.125 |

第3節　新エネルギー―風力発電　　　　　　　　　p.129
第4節　新エネルギー―バイオマス熱利用・バイオマス発電・
　　　　バイオマス燃料製造　　　　　　　　　　　p.137
第5節　新エネルギー―中小規模水力発電　　　　　p.144
第6節　新エネルギー―地熱発電　　　　　　　　　p.148
第7節　新エネルギー―太陽熱利用　　　　　　　　p.150
第8節　新エネルギー―温度差熱利用　　　　　　　p.154
第9節　新エネルギー―雪氷熱利用　　　　　　　　p.157
第10節　革新的な高度利用技術　　　　　　　　　　p.158

第2部　環境マネジメントシステム ISO14001
第1章　環境マネジメントシステムとは
　第1節　ISO 14001の歴史　　　　　　　　　　　　p.167
　第2節　ISO 14001の構成　　　　　　　　　　　　p.169
　第3節　ISO14001の認証登録　　　　　　　　　　p.171
　第4節　ISO14001ブーム　　　　　　　　　　　　p.171
第2章　ISO14001の規格と実際の環境マニュアルの例　p.175

　　主要参考文献　　　　　　　　　　　　　　　　p.235
　　索　引　　　　　　　　　　　　　　　　　　　p.237

第 1 部

サステナビリティ経営

第 1 章　環境経営とは

第 1 節　環境経営とは何か？

　環境経営（Environmental Management）とは、「事業活動の投入される資源・エネルギー・化学物質などの使用から生ずる環境負荷を低減して環境保全を意識的に行いながら経済価値の創造を同時に追求する経営活動」（金原達夫『環境経営入門』（2012、創成社、1 頁））である。あるいは、「環境に配慮して持続可能な発展に貢献し、経済的にも持続する適切なガバナンスを有する企業経営」である。

第 2 節　「持続可能な発展」に向けてのアメリカの環境政策の歴史

　1968 年（昭和 43）11 月に実施されたアメリカ大統領選挙で、共和党のニクソンが民主党のハンフリーを破り、第 37 代アメリカ合衆国大統領に当選した。この時期はベトナム反戦運動が激化しており、アメリカは徴兵制度を採用し、学生はベトナムに派兵される危機に直面していたので、全米の大学のキャンパスでもベトナム反戦集会が常に開催されているという状態であった。ニクソンは民主党のケネディ政権が開始し、ジョンソン政権で拡大の一途を辿ったベトナム戦争からの「名誉ある撤退」を主張して当選した。1969 年 6 月ニクソンは公約通り、ベトナムからの段階的な撤兵を開始した。反戦運動家たちは、その実態を見て、運動のターゲットをベトナム反戦から、環境保護運動にその精力を移すことを始めた。
　アメリカの環境保護運動の端緒には以下のものが考えられる。
　　①レイチェル・カーソンの『沈黙の春』（1962）の出版。
　　②ベトナム戦争における枯葉剤による環境破壊の表面化。
　　③ 1960 年代の消費者運動の旗手であるラルフ・ネーダーが支持者の学生たちネイダーズ・レイダーズ（ネーダー突撃隊）にレポートさせた企業・政府告発の書である『大気汚染』『水質汚濁』『殺虫剤』などの出版。
　1970 年（昭和 45）の元旦にニクソンは「国家環境政策法」（National Environmental Policy Act）に署名した。この法律は、連邦政府が政策実

施に当たり次の6項目を考慮すべき責任があるとするものである。
（1）　環境の次世代の受託者としての責任を遂行すること。
（2）　国民に安全、健康、快適な環境を確保すること。
（3）　環境悪化を招かないような環境の有益な利用を行うこと。
（4）　国民遺産を保存し、個人の選択の多様性と相違性を支える環境を保持すること。
（5）　資源利用と環境保全との調和をはかること。
（6）　資源の再生、再利用をすすめること。

　さらに連邦の事業・補助金拠出事業・許認可事業などの連邦行為に、環境アセスメント（環境影響評価）を義務付けた。

　このような状況の下、1970年（昭和45）4月22日、公害防止、自然保護など環境保護をテーマに全米で大規模なデモが行われた。「アース・デイ」と呼ばれたこのデモは、ウィスコンシン州選出の上院議員ゲイロード・ネルソンの発案で、デニス・ヘイズらの3人のハーバード大学大学院生がワシントンに事務所を構えたのが始まりだった。3人はすべての団体が連合して戦うべきだと主張した。ニクソン政府はこのデモに12万5千ドルの援助を決定した。

　こうして始まったアース・デイは大成功を収める。全米約1500大学、2000の地域で集会が持たれ、ワシントンに向けて行進が続いた。まさにアメリカ中がエコロジー（環境保護）一色になったのである。

　アース・デイの成功は大きかった。それまで環境についてほとんど関心がなかった人々も環境保護の大切さを悟り、市民団体に入会し始めた。これを機にアメリカではエコロジーは市民権を得るようになる。この4月22日は、国連では2009年（平成21）の総会で「国際母なる地球環境デイ」として環境保護の記念日として指定された。

　このような環境保護の流れを受けてニクソン政権は、1970年（昭和45）12月2日に環境保護庁（Environmental Protection Agency, EPA）を設立する。我が国でも4大公害裁判（水俣病・新潟水俣病・イタイイタイ病・四日市喘息）が行われ環境に対する意識が高まっていた。そこでこのアメリカの環境保護庁の設立を見習い、翌年の1971年（昭和46）7月1日に

環境庁が設立された（2001年（平成13）1月6日に環境省に格上げ）。ニクソン政権下における環境政策を時系列的に列挙する。

1970年（昭和45）
　1月：国家環境政策法に署名
　4月：アース・デイに12万5千ドル拠出
　10月：海洋大気庁設立
（海洋と大気の状態を観察し、海洋の資源と生態系の観察を目的とする。）
　12月：環境保護庁設立、大気浄化法改正法（マスキー法）署名
（1975年以降に製造する自動車の排気ガス中の一酸化炭素 (CO)、炭化水素 (HC) の排出量を1970-1971年型の1/10以下にする。1976年以降に製造する自動車の排気ガス中の窒素酸化物 (NOx) の排出量を1970-1971年型の1/10以下にする。ことをそれぞれ義務付け、達成しない自動車は期限以降の販売を認めない。）

1972年（昭和47）
　9月：ラムサール条約に署名
（特に水鳥の生息地として国際的に重要な湿地及びその動植物の保全を促進することを目的とする条約）
　10月：水質浄化法（水のマスキー法）に署名
（産業廃棄物・生活廃棄物の有害汚染を除去せずに環境に排出することを禁じ、地下水、河川、湖沼、海洋の水質汚染を予防する）
　10月：海洋哺乳動物保護法に署名
（クジラ、イルカ、アシカ、セイウチ、ラッコ、北極熊の科学的調査、繁殖目的以外の捕獲を禁止する）

1973年（昭和48）
　3月：ワシントン条約に署名
（絶滅のおそれのある野生動植物の種の国際取引を規制する）
　3月：アメリカ軍がベトナムから完全撤退
　12月：包括的絶滅危惧種法に署名
（絶滅危惧種を指定し、絶滅危惧種とその種が生存を依存する生態系と生息地を保護し、絶滅危惧主の捕獲・殺害を禁止し、種の個体数と自然

繁殖力を回復させる計画を作成し実施する）
1974年（昭和49）
　8月：ウォーターゲート事件で大統領辞任
　　ニクソンは、アメリカ国民の意識をベトナム戦争から環境問題へと大きく舵を切らせた大統領であった。

第3節　「持続可能な発展」に向けての日本の環境政策の歴史

　日本で環境問題が社会問題としてクローズアップされることになるのは、第2次世界大戦後の産業が急速に復旧した1960年代である。このうちのいくつかの被害者が発生源企業を被告として裁判に訴えた。これらの事件は「4大公害裁判事件」と呼ばれ、1971～1973年にすべて原告勝訴で結審している。その概要を次に示す。

（1）水俣病

　熊本県の水俣に1908年（明治41）8月に日本窒素肥料株式会社が新工場を建設し、カーバイド、硫安などの製造を始めた。その後、昭和に入ってからアルデヒドを原料として酢酸ビニル、塩化ビニルなどの大規模な生産を行うようになった。この生産過程で触媒として用いられていた無機水銀が、アセトアルデヒド製造工程中にメチル水銀及びその化合物に変化し、それが廃液として排水口から百間港（ひゃっけんこう）へそのまま流出していった。メチル水銀のような有機水銀はそこに生息している微生物、藻類及び魚介類の体内に蓄積され、さらにそれを食糧とする猫、犬、鳥、人間の体内にも取り込まれて濃縮されていった（食物連鎖による生物濃縮）。被害者の症状としては視野狭窄、歩行障害、手足のしびれなどが顕著で、これが進行すると死に至るというものであった。この原因不明の病気が公式に発見されたのは1956年（昭和31）5月であった。その後、病気の原因究明が熊本大学を中心にして行われ、有機水銀がその元凶であることが明らかになり、1968年（昭和43）9月に公害病に認定され、熊本、鹿児島県に住む被害者への補償が開始された。

（2）新潟水俣病

　一方、新潟県を流れている阿賀野川上流にある昭和電工鹿瀬工場が

1936年（昭和11）アセトアルデヒドの製造を始めるようになった。1959年（昭和34）には、廃棄物のカーバイドかすが阿賀野川に流入し大量の魚が死に、地元漁協に2400万円の保証金を支払っている。その後、魚を多く食べる漁師の猫が水俣病で起きた「猫踊り病」を発症し、ついに1964年（昭和39）には人間にも被害が出始めた。1965年前後の昭和電工のアセトアルデヒドの生産量は生産量トップのチッソ株式会社につぎ、2位になっていた。ここでも排出されたメチル水銀が原因で水俣病と同様な被害が生じたのである。よってここ、新潟阿賀野川流域の奇病は新潟水俣病と言われた。

　熊本および新潟の水俣病による死者は1000人以上、被害を受けた人は7000人以上といわれている。水俣湾周辺で延べ2204人、阿賀野川流域で延べ685人の患者が認定された。

（3）イタイイタイ病

　富山県神通川上流の三井金属神岡鉱業所は、明治時代から鉛、亜鉛の優良な鉱山として知られていた。閃亜鉛鉱(せん)のような亜鉛の鉱石中にはかなりの量のカドミウムが含まれている。カドミウムは現在は用途の広い重要な金属であるが、当時は顔料（CdS 硫化カドミウム：黄色）に使用されている程度だったためそのほとんどは廃液と一緒に排出されていた。これが水田や井戸水中に流入し、大正時代初期から原因不明の神経痛様の病気として発現するようになった。カドミウムは住民に食物や水を介して摂取され、腎臓や骨などにその一部が蓄積され、主として更年期を過ぎた妊娠回数の多い、居住歴30年以上の婦人が発病した。イタイイタイ病とは、カドミウムの慢性中毒によりまず腎臓障害を生じ、ついで骨軟化症を来たし、これに妊娠、授乳、老化などによる、カルシウムの不足などが加わって起こる病気である。

　その症状は、まず腰痛、背痛、四肢痛、関節痛など全身各部の痛みを訴え、やがて骨にヒビが入り、ついには全身の骨が折れ、最後まで「痛い、痛い」と苦しみ、衰弱して死んでいく悲惨な病気である。全身72か所が骨折していたり、身長も10〜30cm縮んでしまった例もあった。

　このイタイイタイ病も、1968年（昭和43）5月に公害病に認定され、

130人の患者が認定された。

(4) 四日市喘息

1956年（昭和31）から、三重県四日市市南部の塩浜地区にあった旧海軍燃料廠跡地を中心に、当時日本最大の石油化学コンビナートの建設が開始された。このコンビナートは、高硫黄分含有の中近東原油の大量輸入に基盤を置いたものであったので、大量の硫黄酸化物の大気中への排出と、それによるコンビナート近隣居住地の高濃度汚染をもたらすこととなった。

1960年（昭和35）頃よりは喘息性疾患の異常な多発が見られ、50歳以上の年齢層では住民のほぼ10％を超えるようになった。また、学童などの肺機能低下や咽喉頭炎の多発などを伴っていることなどが明らかにされた。

石油コンビナート6社を相手どって1967年（昭和42）に提訴して争われたのが四日市公害訴訟で、裁判所は、大気汚染にかかる複数排出者の共同不法行為の成立を認め、これらが判例として確定された。この裁判はその後の日本の公害対策、特に大気汚染対策の進展に大きなインパクトを与え、硫黄酸化物の環境基準の強化（新環境基準の制定）、大気汚染防止法への総量規制条項の導入、大気汚染被害者に対する補償法の制定などの結果をもたらした。

第4節　公害対策基本法と環境庁設置

水俣病、四日市喘息、イタイイタイ病は人体に深刻な影響を及ぼし、その被害者が1967年（昭和42）から69年（昭和44）にかけて起こした4大公害訴訟は、公害裁判の象徴とされてきた。全国の公害運動と公害訴訟を受けて国は、67年に公害対策基本法制定、71年（昭和46）に環境庁設置、72年に自然環境保全法、73年に公害健康被害の補償等に関する法律を制定して、公害対策に取り組んでいった。さらに環境庁は2001年（平成13）に環境省に格上げされた。

公害対策基本法は公害対策の体系を整備し、その総合的推進を図り、国民の健康の保護と生活環境を保全することを目的としている（1条）。本法は、事業者、国、地方公共団体の責務、環境基準、国、地方公共団体の

施策などの公害防止に関する基本的施策、費用負担及び財政措置、公害対策会議及び公害対策審議会などについて規定している。最も問題となったのは、経済調和条項である。公害対策基本法は、はじめ「生活環境の保全については、経済の健全な発展との調和が図られるようにするものとする」と定めていた。しかし1970年（昭和45）11月に召集された第64回臨時国会では、公害対策基本法に付されていた経済調和条項の規定が削除され、新たに「国民の健康を保護する」ことが明確化された。

これは、四日市における大気汚染、東京における光化学スモッグの発生、瀬戸内海における赤潮の発生など、公害が深刻化し、複雑化したのに対応し、原因者責任を明確にしようとしたものである。第2に、本法は公害概念を拡大し、従前の大気汚染、水質汚濁、騒音、振動、地盤沈下、悪臭の6典型公害に、土壌汚染が加えられた。本法では、公害とは、事業活動その他の人の活動に伴って生ずる相当範囲にわたる大気汚染、水質汚濁等によって人の健康、生活環境に被害が生ずる場合であり、それぞれについて、規制法が定められた。

1971年（昭和46）7月1日に環境行政を専門に扱う環境庁が発足した。環境庁は環境庁設置法に基づいて、公害の防止、自然環境の保護及び整備、その他の環境の保全を図り、国民の健康で文化的な生活を確保するために、総合的な環境保全に関する行政を推進することを主たる任務としている。

映画は世相を反映するといわれるが、同年7月24日、ゴジラシリーズ11作目として「ゴジラ対ヘドラ」が公開され人気を博した。ヘドラとは、工場廃液が堆積したヘドロから生まれた怪獣である。ゴジラが環境庁を象徴し、公害の権化であるヘドラを倒すストーリーであった。それだけ環境庁に対する国民の期待は大きかったのである。

1972年（昭和47）には、自然環境の保全を全国的に総合的かつ統一的に推進するために自然環境保全法が制定された。その内容は、自然環境を人間の健康で文化的な生活に欠くことのできないものとして位置づけ、自然環境保全基本方針その他自然環境保全の基本事項を定めるとともに、原生自然環境保全地域・自然環境保全地域の指定に基づく保全計画・保全事業の遂行及び地域開発の際の自然環境の適正な保全を国に義務づけてい

る。この法律によって、公害対策基本法とともに日本の環境行政の2大分野が制度上は確立した。この法律は、地域的特性にかんがみ、都道府県自然環境保全（自然保護）条例において、都道府県自然環境保全地域を独自に指定し、その地域につき国の自然環境保全地域に準じる規制措置を講ずることを認めた。

　環境庁は1972年（昭和47）に、無過失責任賠償の考え方を導入した法律改正を行っている。この無過失責任賠償とは、公害現象によって被害が発生したとき、汚染の原因者に故意や過失がなくても、汚染の原因者がその被害者に対して賠償責任を負う制度である。1973年（昭和48）10月には公害による被害者に対する医療費の補償と逸失利益の補償を、汚染の原因者の負担において行う「公害健康被害の補償等に関する法律」が成立している

第5節　「持続可能な開発（発展）」という言葉の登場

　1984年、国連決議によって「環境と開発に関する世界委員会（WCED）」が設置された。このWCEDの議長は、当時ノルウェーの首相だったブルントラントである。ブルントラントは、イギリスのサッチャー首相に続き、ヨーロッパで2人目の女性首相にあった人で、首相就任前は長く環境大臣を務めた。小児科医として出産や中絶問題にかかわった彼女は、「弱者である女性が住みやすい社会こそ、人間が人間らしく住める社会」を政治信条とした。環境意識と弱者へのいたわりを兼ね備えたブルントラントは、優れた政治指導力を発揮し、環境問題の国際的議論を引っ張った。

　1987年に出された最終報告書「我ら共通の未来（Our Common Future）」の中で初めて「持続可能な開発（Sustainable Development）」という言葉が謳われた。これは、「将来の世代のニーズを満たす能力を損なうことなく、今日の世代のニーズを満たすような開発」を指す。分かり易く言うと、「我々の世代が石油・石炭・天然ガス・金属などの地下資源を無制限に使用して枯渇させると、将来の世代の経済的な発展はないので、リサイクル社会を構築しよう。」というものである。これは自然保護と開発の調和の探求の緊急性を国際世論に喚起した歴史的文書となった。この「持

続可能な開発（発展）」という言葉はこれ以後現代にいたるまで環境を語るときに必須の言葉となっている。

第6節　1990年代——地球環境問題の出現

1990年代からの持続可能な開発が世界的に合意され循環型社会を目指すようになったことから、企業といえども営利性の追求だけでなく環境保全を同時に果たすべきであるという考えが強まった。地球環境問題がクローズアップされて、環境と経済に同時に取り組むことが企業の社会的責任とされるようになった。日本では、経団連（（社）経済団体連合会）が1991年4月に「経団連地球環境憲章」を制定した。また、企業も独自の「環境憲章」を発表するようになった。例えばトヨタ自動車は1992年1月に「トヨタ地球環境憲章」を発表している。次に「経団連地球環境憲章」を示す。

「前文
わが国は、高度経済成長期に経験した公害問題と2次にわたる石油危機を貴重な教訓として積極的な努力を重ね、今日、産業公害の防止や安全衛生、産業部門の省エネルギー、省資源の面で世界最先端の技術・システム体系を構築するに至っている。
しかし、今日の環境問題は産業公害の防止対策のみでは十分な解決は望めない。都市における廃棄物処理問題や生活排水による水質汚濁問題を取り上げてみても、都市構造や交通体系等を幅広く見直し、生活基盤の整備や国民意識の変革など、社会全体での本格的な取り組みが求められている。
一方、温暖化問題や熱帯林の減少、砂漠化、酸性雨、海洋汚染など、いわゆる地球的規模の環境問題が国際的な課題となっている。とくに地球温暖化は、その対策が国民生活や経済活動のあらゆる局面にかかわる問題であるだけに、総合的な対策、とりわけ技術によるブレークスルーが必要であり、また一国のみの対策では解決が困難な課題である。
われわれは、大量消費文化に裏付けられた「豊かさ」の追求がもたらす諸問題を見直し、地球上に存在する貧困と人口問題を解決し、世界的規模で持続的発展を可能とする健全な環境を次代に引き継いでいかなければならない。そのためには、各国政府、企業、国民が自らの役割を認識するとともに、国際協力を通じて人類の福祉の向上と地球的規模での環境保全に努めなけ

ればならない。

わが国は自国のみの環境保全の達成に満足することなく、産業界、学界、官界挙げて環境保全、省エネルギー、省資源の分野において革新的な技術開発に努めるとともに、環境保全と経済発展を両立させた経験を踏まえ、国際的な環境対策にも積極的に参加することが求められている。地球温暖化問題についても、国際協力を通じて科学的な究明の努力を継続することはもちろん、可能な対策から直ちに実行に移していかなければならない。

環境問題の解決に真剣に取り組むことは、企業が社会からの信頼と共感を得、消費者や社会との新たな共生関係を築くことを意味し、わが国経済の健全な発展を促すことにもなろう。経団連は、このような認識に基づき、各会員に対して、行政、消費者はじめ社会各層との対話と相互理解・協力の下に、以下の理念と指針に基づく行動をとることを強く期待する。

基本理念

企業の存在は、それ自体が地域社会はもちろん、地球環境そのものと深く絡み合っている。その活動は、人間性の尊厳を維持し、全地球的規模で環境保全が達成される未来社会を実現することにつながるものでなければならない。

われわれは、環境問題に対して社会の構成員すべてが連携し、地球的規模で持続的発展が可能な社会、企業と地域住民・消費者とが相互信頼のもとに共生する社会、環境保全を図りながら自由で活力ある企業活動が展開される社会の実現を目指す。企業も、世界の「良き企業市民」たることを旨とし、また環境問題への取り組みが自らの存在と活動に必須の要件であることを認識する。[1]

行動指針

持続的発展の可能な環境保全型社会の実現に向かう新たな経済社会システムの構築に資するため、以下により事業活動を営むものとする。

１．環境問題に関する経営方針

すべての事業活動において、(1) 全地球的な環境の保全と地域生活環境の向上、(2) 生態系及び資源保護への配慮、(3) 製品の環境保全性の確保、(4) 従業員及び市民の健康と安全の確保、に努める。

２．社内体制

(1) 環境問題を担当する役員の任命、環境問題を担当する組織の設置等により、社内体制を整備する。

(2) 自社の活動に関する環境関連規定を策定し、これを遵守する。なお、

社内規定においては、環境負荷要因の削減等に関する目標を示すことが望ましい。また、自社の環境関連規定等の遵守状況について、少なくとも年1回以上の内部監査を行う。［2］

3．環境影響への配慮

(1) 生産施設の立地をはじめとする事業活動の全段階において、環境への影響を科学的な方法により評価し、必要な対応策を実施する。
(2) 製品等の研究開発、設計段階において、当該製品等の生産、流通、適正使用、廃棄の各段階での環境負荷をできる限り低減するよう配慮する。
(3) 国、地方自治体等の環境規制を遵守するにとどまらず、必要に応じて自主基準を策定して環境保全に努める。
(4) 生産関連資材等の購入において、環境保全性、資源保護、再生産性等に優れた資材等の購入に努める。
(5) 生産活動等において、エネルギー効率に優れ、環境保全性等に優れた技術を採用する。また、リサイクル等により資源の有効利用と廃棄物の減少を図るとともに、環境汚染物質の適正な管理、廃棄物の処理を行う。

4．技術開発等

地球環境問題解決のために、省エネルギー、省資源環境保全を同時に達成することを可能とする革新的な技術と製品・サービスを開発し、社会に提供するよう努める。

5．技術移転

(1) 環境対策技術、省エネルギー・省資源技術、ノウハウ等について、国内外を問わず、適切な手段により積極的に移転する。
(2) 政府開発援助の実施に当たっても、環境・公害対策に配慮しつつ参加する。

6．緊急時対応

(1) 万一、事業活動上の事故及び製品の不具合等による環境保全上の問題が生じた場合には、広く関係者等に十分説明するとともに、環境負荷を最小化するよう、必要な技術、人材、資機材等を投入して適切なる措置を講ずる。
(2) 自社の責によらず大規模な災害、環境破壊が生じた場合にあっても、技術等を提供する等により積極的に対応する。

7．広報・啓蒙活動

(1) 事業活動上の環境保全、生態系の維持、安全衛生措置について、積極的に広報・啓蒙活動を行う。
(2) 公害を防止し、省エネルギー・省資源を達成するため、日常のきめ細

かい管理が重要なことにつき、従業員の理解を求める。
(3) 製品の利用者に対して、適正な使用や再資源化、廃棄方法に関する情報を提供する。
８．社会との共生
(1) 地域環境の保全等の活動に対し、地域社会の一員として積極的に参画するとともに、従業員の自主的な参加を支援する。
(2) 事業活動上の諸問題について社会各層との対話を促進し、相互理解と協力関係の強化に努める。
９．海外事業展開
海外事業の展開に当たっては、経団連「地球環境問題に対する基本的見解」（平成２年４月作成）に指摘した10の環境配慮事項を遵守する。
１０．環境政策への貢献
(1) 行政当局、国際機関等における環境政策の手段・方法が合理的かつ効果的なものとなるよう、事業活動において得られた諸情報の提供に努めるとともに、行政との対話に積極的に参加する。
(2) 行政当局、国際機関等における環境政策の立案や消費者のライフスタイルのあり方について、事業活動上の経験をもとに合理的なシステムを積極的に提言する。
１１．地球温暖化等への対応
(1) 地球温暖化問題等について、その原因、影響等に関する科学的研究、各種対応策の経済分析等に協力する。
(2) 地球温暖化問題など科学的になお未解明な環境問題についても、省エネルギーや省資源の面で有効かつ合理性のある対策については、これを積極的に推進する。
(3) 途上国の貧困と人口問題の解決等を含め、国際的な環境対策に民間部門の役割が求められる分野で積極的に参加する。
以上」

下線［１］を見れば、経団連が1991年に環境経営実施の決意を宣言したことがよくわかる。ここでも「持続可能な発展」という言葉が使用されている。

下線［２］では、企業に社内に環境問題担当の役員・部署を設けると共に、環境関連規定を策定し環境負荷要因を削減し、年１回以上の内部環境監査の実施を求めている。これはまさに、1996年に初めて発行された

ISO14001の内容であり、その先見の明に驚愕せざるを得ない。日本でISO14001の認証取得が急速に進んだ理由の1つが経団連のこの声明にあることが窺える。つまり、日本では環境経営と実質的なISO14001の実施が同時に宣言されたので、ISO14001の発行と共に環境経営が急速に進むことになるのである。

第7節　地球サミットと京都議定書

　ストックホルムでの国連人間環境会議から20年を経た1992年6月、ブラジルのリオデジャネイロで空前の国連会議が開かれた。正式には「国連環境開発会議（UNCED）」と名づけられたが、約180か国の代表、102人の首脳が出席し、3万人を超える人々が参加する歴史上最大の国際会議となった。

　この会議の開会式で、ブロスト・ガリ国連事務総長は次のように演説した。「地球環境は低開発と過剰開発の双方に苦しんでいる。必要なのは、将来の世代の需要も満たす『持続可能な開発』と、新たな集団安全保障たる『惑星としての開発』を考慮すべきだ。」この会議でも、ブルントラントが主張した「持続可能な開発」がキーワードとなった。この言葉は現在に至っても生きている。

　この会議では2つの重要な国際条約「気候変動枠組み条約」と「生物多様性条約」の調印が行われ、「環境と開発に関するリオ宣言」、環境と開発に関する包括的行動計画として「アジェンダ21」（21世紀に向けての行動計画という意味）、さらに「森林保全原則声明」が採択された。そして国連に、53か国で構成される「持続可能な開発委員会（CSD）」が新たに設立され、「アジェンダ21」の実施をフォローアップすることになった。

　気候変動枠組み条約の骨子は次の通りである。（1）温室効果ガス（CO_2）の水準を安定化させることを目的とする、（2）同ガスの排出を一国または他国と共同で90年の水準に戻す、（3）同ガスの排出・吸収に関する見積りを締約国会議に報告する、（4）技術移転を含む資金提供の機構を確立するなどである。

　この条約では、当時CO_2の世界最大の排出国であるアメリカが、CO_2

の排出規制による影響が自国の経済活動に及ぼす点を考慮して強く反対したために、CO_2 の排出量の目標値を明示することができなかった。

　生物多様性条約の骨子は次の通りである。（1）「生態系の多様性」「生物種の多様性」「種内（遺伝子）の多様性」を生息環境とともに最大限に保全し、その持続的利用を実現する。（2）生物の持つ遺伝資源から得られる利益を公平に分配する。アメリカのみがこの生物多様性条約には署名しなかった。それが現在まで続いている。アメリカの戦略は、DNA の遺伝子情報を特許化して、自国の独占を狙ったものといえよう。

　「リオ宣言」は地球環境の憲法とも言えるもので、各国の政府や国民が、地球の環境を保全するために取るべき行動の基本的な原則を定めている。リオ宣言を採択する過程においては、先進諸国が地球環境の保全を重要視したのに対して、発展途上国は貧困問題の解決と開発優先を重要視した。そして、発展途上国は地球環境を破壊してきた先進諸国には発展途上国の今後の開発を規制する資格はないとして、先進諸国と激しく対立した。このためリオ宣言では「地球環境の悪化への異なった寄与という観点から、各国は共通のしかし差異のある責任を有する。先進諸国は、かれらの社会が地球環境へかけている圧力及びかれらの支配している技術及び財源の観点から、持続可能な開発の国際的な追求において有している責任を認識する。」と規定している。すなわち、地球の環境保全については、先進諸国も発展途上国も共通した責任を負担するが、その責任については先進諸国と発展途上国との間で異なる責任があり、先進諸国は発展途上国に比べてより大きな責任を負うべきであるとし、先進諸国がエネルギーの消費量や産業構造及び生活様式を変えるとともに、発展途上国は先進諸国の資金提供と技術援助を受け、自然環境と開発の調和を図ることが決議された。

　リオ宣言を実行に移すための具体的な行動計画である「アジェンダ21」は、その前文の書き出しにおいて、現在の地球環境は「人類の歴史の中で決定的な瞬間に立っている」と警告している。そして、人口問題や大気保全、野生生物の保護など 40 章にわたる目標と指針が示されたが、ここでも自らの開発と発展を望む途上国と保全を重視する先進国との間で意見の食い違いが目立った。特に政府開発援助（ODA；Official

Development Assistance）に関しては、途上国側は、地球環境の問題は先進国に責任があるとして、途上国への支援は利害の絡む援助でなく、補償であるべきと主張した。

　日本は1991年度よりODAは世界一の額を出してきたが、この会議で「92年度より5年間にわたり環境分野でのODAを9000億円から1兆円をめざして大幅に拡充する。」ことを公約した。そして経済大国の積極的な国際貢献を印象づけた。また、過去の公害経験から学んだ環境保全技術などでも国際協力する考えを明らかにした。しかし、当時の宮沢喜一首相は国際平和協力法案の国会審議が紛糾したため、出席できなかった。

　一方、非政府機関（NGO）はリオ市内のフラメンゴ公園を会場に「'92グローバル・フォーラム」を開催した。展示ブースを設置し、ビデオ上映、シンポジウム、コンサートなど各種のイベントを繰り広げた。参加団体数は1100を数え、日本からも水俣病、大気汚染、長良川河口堰、生協など、大小さまざまなグループが軒を連ねた。会議の成功の原動力は世界各国から集まったNGOであったとも言えよう。NGOと国際世論こそが環境外交の主役であった。しかし先進国と発展途上国の間の対立は大きく、この対立をいかに調整していくかが環境問題の最大のポイントである。

第8節　気候変動枠組み条約ＣＯＰ３──京都会議

　1995年のベルリン、1996年のジュネーヴに続いて、1997年12月に気候変動枠組み条約第3回締約国会議（COP）が日本の京都で開催された。京都会議で決まった議定書は次の通りである。
（COP：Conference of the Partiesの略。国際間で締約される条約（気候変動枠組み条約に限らない）の締約国が集まって開催される会議のこと。COP3は、その第3回会議であることを示す。）

① 　先進国は2008〜2012年（平成20〜24）にかけ温室効果ガスの総排出量を全体で1990年に比べ5.2％削減する。主な国別内訳はEU 8％、米7％、日本6％などで国別の温室効果ガスの国別削減率（％）は次の通りである。（基準年1990年）
　　10増　アイスランド

8 増　オーストラリア
　　　1 増　ノルウェー
　　　　0　ニュージーランド、ロシア、ウクライナ
　　　5 減　クロアチア
　　　6 減　カナダ、ハンガリー、日本、ポーランド
　　　7 減　アメリカ（後に離脱）
　　　8 減　EU 各国、ブルガリア、チェコ、エストニア、ラトビア、リヒテンシュタイン、リトアニア、モナコ、ルーマニア、スロバキア、スロベニア、スイス
② 　対象ガスは、二酸化炭素 CO_2　メタン CH_4　亜酸化窒素 N_2O、ハイドロフルオロカーボン HFC（代替フロン）、パーフルオロカーボン PFC（PFC は炭素にすべてフッ素が結合した代替フロンであり、CF_4 などである）、六フッ化硫黄 SF_6 の 6 種類とする。HFC と PFC は代替フロンであり、SF_6 は絶縁材である。

以下の③～⑥は京都メカニズムと呼ばれる。

③ 　1990 年以降の植林により吸収された温室効果ガスは排出量から差し引ける。（ネット方式）
④ 　先進国は排出量を取引でき、ある国が別の国から譲り受けた排出量枠は、当該の国の排出量枠に加えられる。譲った国の排出量枠は差し引かれる。（排出量取引 ET）
⑤ 　先進国は削減目標を達成するため他の先進国で実施した事業や吸収などの手段で削減した温室効果ガスの排出量を譲渡、獲得してもよい。先進国同士のみで可能。（共同実施 JI）
⑥ 　先進国は、途上国の持続的開発や CO_2 削減事業へ資金供与すれば、その事業による削減量を自国の排出量から差し引ける。先進国と途上国の間のみ可能。（クリーン開発制度 CDM）

　排出量取引や共同実施、クリーン開発制度は、金で CO_2 を買うことにつながり、富める国が多く CO_2 を排出して、工業製品を作りそれを貧しい国に売るというかつての帝国主義を彷彿とさせる点で批判がある。

　また、中国（CO_2 排出量世界 1 位）やインド（CO_2 排出量世界 3 位）な

どの CO_2 排出量大国が途上国に入れられ、今回削減が決められていない上にアメリカ（CO_2 排出量世界2位）が途中離脱したので、地球全体として CO_2 削減効果が薄い。京都会議ではアメリカなどが途上国の目標設定を主張し続けたが、途上国が強硬に反発し、土壇場で議定書から削除された。先進国と途上国の対立が浮き彫りにされた。

　2004年（平成16）10月のロシアの批准によって、京都議定書が2005年2月に発効した。日本がカウントを求めていた森林吸収量（3.7％の CO_2 削減に相当）がそのまま認められ、CO_2 排出量取引にも上限が設けられなかった。また各国の削減目標が達成できなかった場合は、次の拘束期間の削減量への上積み、削減実行計画を提出するなどの罰則措置も定められたが、法的拘束力はないというのが日本などの解釈であった。しかし最大の課題は、離脱したアメリカの復帰と将来的に温暖化ガスの大幅増加が予想される中国・インドなどの途上国の参加であった。

　しかし最も問題となったのは、基準年を1990年（平成2）にしたことである。1991年（平成3）12月にソビエト連邦崩壊、ロシア連邦成立。1990年（平成2）10月東西ドイツ統一。したがってドイツ、ロシア共に1990年は、社会主義下における旧式の火力発電所・蒸気機関が使用されており、温暖化ガス CO_2 が大量に放出されていた時期である。しかし日本は2度の石油ショックを経て、電気使用量や石油使用量を最小限に抑制して、工業生産を行っていた。したがってEUやロシアにとって1990年を基準年にすることは非常に有利であったが、逆に日本にとっては承服しがたいものであった。よって経済産業省は1990年を基準年とすることに最後まで反対した。しかし、COP3は日本がホスト国であり、環境省としては面子上、何としても国別の削減率を京都で決定することに固執した。結果として京都メカニズムを導入することで経済産業省が折れ、国別削減率が決定し、京都議定書として歴史にその名が刻まれることになった。

第9節　環境基本法と循環型社会形成推進基本法

1．環境基本法

　経済が発展し、大量生産・大量消費・大量廃棄のライフスタイルが定着

するにつれて、都市型・生活型公害や廃棄物の増大による問題が生じてきた。
　また、オゾン層破壊、地球温暖化、酸性雨などのように国境を超えた地球規模での環境問題も顕在化してきた。
　このような今日の環境問題の特徴は、地域の環境から地球規模までの空間的広がりと将来の世代まで影響を及ぼす時間的な広がりを持っている。これらに対応するには従来の公害を防止するという仕組みは全体の一部に過ぎず、適応できなくなってきた。
　さらに、1992年（平成4）リオデジャネイロで開かれた「地球サミット」の前文と27の原則からなるリオ宣言でも国として地球環境問題に取り組むことが盛り込まれた。
　このように基本的諸状況の変化を受けて、問題対処型ないし規制的手法を中心とした公害対策基本法の枠組みを超えて社会経済活動や国民の生活様式の在り方まで踏み込んで、社会全体を環境への負荷の少ない持続的発展ができるものに誘導する必要が生じた。そのために、環境保全に関する種々の施策を総合的かつ計画的に推進する法的枠組みを作るべく制定されたのが1993年（平成5）11月19日に制定された環境基本法である。
　環境基本法の制定により、それまで25年以上にわたって公害対策の基本的な法律であった公害対策基本法は廃止された。環境基本法は公害対策基本法を発展的に継承したもので、公害対策基本法のすべての規定はそのままの内容または発展した内容で引き継いでいる。
　この法律では、環境保全に関する施策を進める上での以下に示す3つの基本理念を記述している。
　　（1）環境の恵沢の享受と継承等
　　（2）環境への負荷の少ない持続的発展が可能な社会の構築等
　　（3）国際的協調による地球環境保全の積極的推進
（2）でいう「環境への負荷」とは、「人の活動により環境に加えられる影響であって、環境の保全上の支障の原因となるおそれのあるもの」と定義されている。
　環境基本法では、環境基準として、大気汚染物質、水質汚染物質等についての排出基準を設けている。大気汚染物質についての基準は以下の通り

であり、これらの数値以下に抑えることを求めている。
- 二酸化硫黄(SO_2)0.04ppm-(0.1ppm):1時間値の1日平均値-(1時間値)
- 一酸化炭素(CO)10ppm-(20ppm):1時間値の1日平均値-(8時間値)
- 浮遊粒子状物質(SPM)0.10mg/m^3-(0.20mg/m^3):1時間値の1日平均値-(1時間値)
- 光化学オキシダント(OX)0.06ppm:1時間値
- 二酸化窒素(NO_2)0.04～0.06ppm又はそれ以下:1時間値の1日平均値
- ベンゼン0.003mg/m^3・トリクロロエチレン0.2mg/m^3・テトラクロロエチレン0.2mg/m^3(これらは1年平均値)

2. 循環型社会形成推進基本法

　生産から流通、消費、廃棄にいたるまで物質の効率的な利用やリサイクルを進めることにより資源の消費が抑制され、環境への負荷が少ない「循環型社会」を形成することを目的として作られたのが2000年(平成12)制定の「循環型社会形成推進基本法」である。この法律の概要は次のものである。

(1)「循環型社会」とは、①廃棄物等の発生抑制、②循環資源の循環的利用、③適正な処分が確保されることによって、天然資源の消費を抑制し、環境への負荷ができる限り低減される社会と明確に提示した。

(2) 廃棄物の優先順位が、①排出抑制、②製品・部品としての再利用、③原材料としての再利用、④熱回収、⑤適正処理であることが初めて法制化された。

(3) 事業者に対して「拡大生産者責任(EPR：Extended Producer Responsibility)」を課した。これは、製品の製造業者等が物理的又は経済的に、製品の使用後の段階においても一定の責任を果たすという考え方である。これによって生産者は生産段階から廃棄物の発生抑制や再利用、再生利用時における環境配慮を進めることになり、社会内の物質循環を十分に活用した、より環境負荷の少ない廃棄物処理が自律的に進んでいくことが期待される。

(4)「循環型社会形成推進基本法」の個別法として「改正廃棄物処理法」、「資源有効利用促進法」、「食品リサイクル法」、「建築リサイクル法」、「グリーン購入法」が制定された。

第10節　パリ協定

2015年11月30日から、フランス・パリで開催されていたCOP21（国連気候変動枠組条約第21回締約国会議）が、現地時間の12月12日、2020年以降の温暖化対策の国際枠組み『パリ協定』を正式に採択した。1997年に採択された京都議定書以来、18年ぶりとなる気候変動に関する国際的枠組みであり、気候変動枠組条約に加盟する全196か国全てが参加する枠組みとしては世界初である。今回のパリ協定の概要を示す。

- 2度未満

  パリ協定全体の目的として、世界の平均気温上昇を産業革命前と比較して2度未満に抑えることが掲げられた。そして、特に気候変動に脆弱な国々への配慮から、1.5度以内に抑えることの必要性にも言及された。

- 長期目標

  長期目標として、今世紀後半に、世界全体の温室効果ガス排出量を、生態系が吸収できる範囲に収めるという目標が掲げられた。これは、人間活動による温室効果ガスの排出量を実質的にはゼロにしていく目標である。

- 5年ごとの見直し

  各国は、既に国連に提出している2025年／2030年に向けての排出量削減目標を含め、2020年以降、5年ごとに目標を見直し・提出していくことになった。次のタイミングは、2020年で（最初の案を9～12か月前の提出が必要）、その際には、2025年目標を掲げている国は2030年を提出し、2030年目標を持っている国は、再度目標を検討する機会が設けられた。

- より高い目標の設定

  5年ごとの目標の提出の際には、原則として、各国は、それまでの目標よりも高い目標を掲げる。

- **資金支援**
  支援を必要とする国への資金支援については、先進国が原則的に先導しつつも、途上国も（他の途上国に対して）自主的に行っていく。先進国の資金援助は年1000億円超を目標とする。
- **損失と被害への救済**
  気候変動の影響に、適応しきれずに実際に「損失と被害（loss and damage）」が発生してしまった国々への救済を行うための国際的仕組みを整えていく。
- **検証の仕組み**
  各国の削減目標に向けた取り組み、また、他国への支援について、定期的に計測・報告し、かつ国際的な検証をしていくための仕組みが作られた。これは、実質的に各国の排出削減の取り組みの遵守を促す仕掛けとなる。

　パリ協定自体には、法的拘束力がある。しかし、京都議定書とは異なり、各国の排出削減目標の達成には法的拘束力はない。なぜならばこの形にしなければまとまらなかったからである。パリ協定で重要なことは、まず、国際条約の中で、長期目標を設定したことにある。パリ協定は、産業革命前からの平均気温上昇を2℃未満に抑えることを目指し、そのために、今世紀後半に、人為起源の温室効果ガスの排出を正味ゼロにすること、つまり、人間活動からの温室効果ガスの排出を、植林などによる人為的な吸収量とバランスすることが目標とされた。そして、途上国も含む、すべての国は、この長期目標の達成のために排出削減策を前進させ続けなければならず、そのための継続する新しい国際制度がパリ協定である。

　もちろん、パリ協定にも課題はある。各国の約束草案を足し合わせても、2℃目標の達成にはほど遠い。またパリ協定では、グローバル・ストックテイク（世界全体での長期目標達成に関する進捗確認）をすることになっているが、その結果、削減量が足りないとわかった時にどう対処するかについては全く未定である。

　次に、パリ協定に主要各国が提出したCO_2削減案を示す。

国名	削減案	基準年
中国	2030年までにGDP当たりの排出を60-65％削減	2005年比
EU	2030年までに40％削減	1999年比
インド	2030年までにGDP当たりの排出を33-35％削減	2005年比
日本	2030年までに26％削減（2005年比では25.4％削減）	2013年比
アメリカ	2025年までに26-28％削減	2005年比

日、米、EUの基準年を合わせた場合の削減率の比較を次に示す。日本の削減率は2013年を基準年にそろえると、米、EUを上回る。

国名	1990年比	2005年比	2013年比
日本	18.0％減（2030年）	25.4％減（2030年）	26.0％減（2030年）
EU	40％減（2030年）	35％減（2030年）	24％減（2030年）
米国	14〜16％減（2025年）	26〜28％減（2025年）	18〜21％減（2025年）

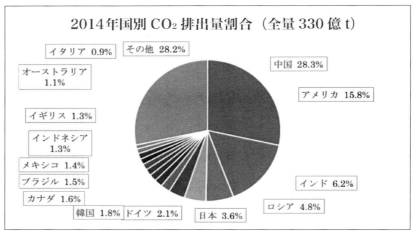

（図表1-10-1）（EDMC／エネルギー・経済統計要覧2017年版より筆者作成）

2017年6月1日、アメリカのトランプ大統領がパリ協定から離脱することを発表した。大統領選挙の公約の実行である。かつてアメリカが京都議定書から離脱したが、まさにその再来である。トランプ大統領は「パリ協定は経済の足かせになっている。そもそも地球温暖化が全地球的に起こっていない。たとえば北極は温暖化しているが南極は確実に寒冷化している。地域によって温暖化進行地と寒冷化進行地があり、一概に温暖化しているというのは間違い。」と述べ、パリ協定離脱によりアメリカ経済が良くなると主張している。これはアメリカの石炭産業を復活させ、雇用を増やすということを意味している。パリ協定のルールでは、先進国は年間1000億円以上負担することになっているが、離脱によって拠出の必要がなくなり、浮いた資金を他のことにまわすことができるようになるということである。CO_2排出量世界第2位のアメリカの離脱は、パリ協定そのものを骨抜きにし、日本が大きな経済的負担を負うという京都議定書の悪夢を彷彿とさせている。

第2章　日本における環境経営の本格始動

第1節　ISO14001:1996 発行

　1996年にISO14001:1996が発行された。同年、日本工業調査会が日本で通用するISO14001:1996の日本語翻訳版であるJISQ14001:1996を発行した。1998年以後9年間、日本はISO14001認証取得数で世界1を誇った。しかし2007年に中国にその座を明け渡し、現在に至るまで世界第2位に甘んじている。以下にISO14001の認証取得数の変遷を示す。

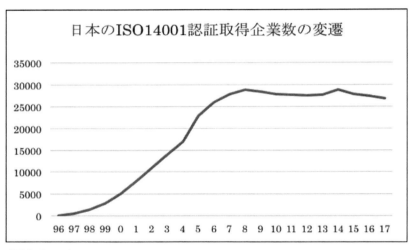

（図表 2-1-1）（JAB 日本適合性認定協会公表データより筆者作成）

　日本で「環境経営」という言葉が、一般に行き渡るのは国際環境管理規格ISO14001が発行し、日本がその認証取得数で世界1になる1998年頃からである。1998年から2007年まではISO14001の黄金期であり、審査機関も50以上存在し、審査料金もかなり高額であった。ここでISO14001黄金期当時の日本経済の状況を振り返ってみる。1986年から1991年にかけて日本はバブル景気であった。バブルとは投機などの加熱によって資産価値が実質価値をはるかに超えるほどに高騰する現象をさす。この時期地価は異常な値上がりを見せ、数字上では東京23区でアメ

リカ全土が買えるほどであった。銀行が土地さえあれば積極的に融資を行った。この事態に 1990 年から 1991 年に、大蔵省は総量規制とよばれる行政指導を行った。総量規制とは、不動産融資の伸び率を総貸出の伸び率以下に抑えるというものであり、行き過ぎた不動産価格の高騰を抑制させる目的で実施されたが、予想をはるかに超えた急激な景気後退が起こった。これがバブル崩壊である。そしてその後の失われた 20 年ともよばれる不景気に日本経済は突き進むことになる。政府は大手金融機関を破綻させない方針をとっていたが、1995 年ごろから不良債権の査定を厳格化し、経営状態の悪い金融機関の破綻再生処理に着手した。その結果、北海道拓殖銀行（1997 年破綻）、山一證券（1997 年廃業）、日本長期信用銀行（1998 年破綻）、日本債券信用銀行（1998 年破綻）、1999 年にはさらに 5 銀行が破綻した。これらの銀行をメインバンクとしていた企業も倒産の危機に瀕したのであった。このような時期に ISO14001 が発行される。このような状況で企業が生き延びる道は、4 大公害以来日本人が敏感になり、また国民が追い求めていた「より良い環境」を追及している企業というイメージの売り込みであった。大企業が認証取得するのにかかる費用は、土地買収とは異なり銀行の優良貸出名目となり得たのである。またこの時期、

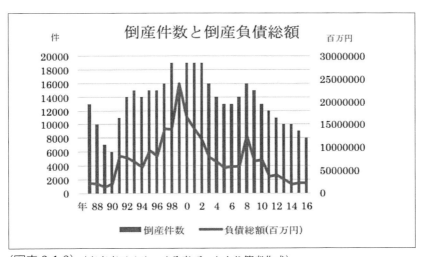

（図表 2-1-2）（東京商工リサーチ公表データより筆者作成）

公共事業の入札条件や入札時の加点ポイントとしてISO14001認証取得が企業にとって有利に働いた。このように企業にとってISO14001は経営上からも有利なツールとなったのである。したがって大企業や優良中小企業は競ってISO14001認証を取得することになる。

図表2-1-1でISO14001認証取得企業数が5000を超え急増するのは2000年から2006年頃までである。図表2-1-2の倒産負債金額を見るとこの時期には急減している。また倒産件数も減少している。つまり銀行の破綻も一段落した時期である。銀行も融資先としてISO14001認証取得企業を優遇し、企業にとっては銀行から融資を受ける際にISO14001認証取得が有利に作用したのである。

トヨタ自動車では、1999年3月に「取引様へのお願い事項」の中で、取引先企業に2003年までにISO14001の認証取得を求め、認証取得しない企業とは取引しないことを公表した。多くの自動車部品関連事業者やトヨタとの取引のある産廃業者は一斉にISO14001認証取得に走ったのである。ここには、トヨタの「環境重視企業トヨタ」として世界に売り込みをかける世界戦略がある。

第2節　ISO14001の概要

ISO14001は後に詳述するが、国際環境管理規格である。審査機関が組織に対して約50個の環境を守るためのshall（要求事項であり、〜をしなければならないこと）を実行しているかどうかを審査し、審査機関が認証を与える。日本でISO審査機関が正しく審査しているかを審査するのがJAB(日本適合性認定協会 The Japan Accreditation Board for Conformity Assessment)である。JABは日本における認証登録企業名や登録数を公表している。JABを通して、スイスに本部があるISOに日本のISO14001の認証登録数が送付される。トヨタのISO14001の概要を後述するが、まず会社のトップマネジメント（社長）が、社の環境方針を表明する。トヨタの「新・トヨタ憲章のⅠ．基本方針及びⅡ．行動指針」が該当する。次に具体的な数値目標を決める（これがP（Plan））、そして実行する（これがD（Do））、さらに確実にDoされているかを監視・測定する（これ

が C（Check））、最後に見直しを行う（これが A（Action））。この PDCA サイクルを何回も回して継続的改善を図るのが ISO14001 なのである。詳しくは後述する。

第3節　トヨタの環境経営

　トヨタ自動車株式会社は、1998年3月に日本の自動車産業で初めて開発・設計分野で ISO14001 を認証取得した。そしてこの年、本社にはトップ直轄の組織として環境部が設置された。環境部は ISO14001 の規格を実施するために次の3つを行う。
1. 環境委員会運営（ISO14001 事務局）
2. 環境取組プラン、年度環境方針の立案
3. 環境方針・環境目標の進捗管理

　さらに 1999 年には国内全工場・事業所で認証取得した。ISO14001 認証取得に伴って、トヨタは 2000 年 4 月に「新・トヨタ地球環境憲章」を発表し、「第3次トヨタ環境取組プラン」が 2001 年から 2005 年までの5か年計画として策定された。次に「新・トヨタ地球環境憲章」を示すが、ここに環境経営とは何かの答えが凝縮されている。

「新・トヨタ地球環境憲章（2000 年 4 月）
Ⅰ．基本方針
（ア）　豊かな 21 世紀社会への貢献
　　　豊かな 21 世紀社会へ貢献するため、環境との調和ある成長を目指し、事業活動のすべての領域を通じて、ゼロエミッションに挑戦します。
　　　　　　　　　　　　　　　　　　　　　　　　　　　①
（イ）　環境技術の追求
　　　環境技術のあらゆる可能性を追求し、環境と経済の両立を実現する新技術の開発と定着に取り組みます。
　　　　　　　　　　　　　　　　②
（ウ）　自主的な取組み
　　　未然防止の徹底と法基準の遵守に努めることはもとより、地球規模、
　　　　　　　　　　　　③
　　　及び各国・各地域の環境課題を踏まえた自主的な改善計画を策定し、継続的な取組を推進していきます。
（エ）　社会との連携・協力
　　　関係会社や関連産業との協力はもとより、政府、自治体を始め、環境

保全に関わる社会の幅広い層との連携・協力関係を構築していきます。④
Ⅱ．行動指針
① いつも環境に配慮して…生産・使用・廃棄の全ての段階でゼロエミッションに挑戦
　1）トップレベルの環境性能を有する製品の開発・提供
　2）排出物を出さない生産活動の追求
　3）未然防止の徹底
　4）環境改善に寄与する事業の推進
② 事業活動の仲間は環境づくりの仲間…関係会社との協力
③ 社会の一員として…社会的な取組への積極的な参画
　1）循環型社会づくりへの参画
　2）環境政策への協力
　3）事業活動以外でも貢献
④ よりよい理解に向けて…積極的な情報開示・啓発活動
Ⅲ．体制
　経営トップ層で構成するトヨタ環境委員会（委員長：社長）による推進」
（下線は筆者）

　つまりISO14001が発行してから4年後においては、すでに環境経営が声高に叫ばれていた。当時ISO14001の審査員であった筆者は企業に対して、「本業を通しての環境への貢献」を企業に訴えていたことが思い出される。製造業の典型例がトヨタの基本方針中にある2点に集約される。「①ゼロエミッションへの挑戦」「②環境と経済の両立を実現する新技術の開発」である。「③未然防止の徹底と法基準の遵守」に関してはISO14001の必須事項である。さらにこれらにプラスしてトヨタでは「④環境保全に関わる社会の幅広い層との連携・協力」が加えられたのである。

第4節　3Rからゼロエミッションへ

　3Rとは、Reduce（リデュース）、Reuse（リユース）、Recycle（リサイクル）の3つの英語の頭文字を表し、その意味は次のとおりである。Reduce（リデュース）は、使用済みになったものが、なるべくごみとして廃棄されることが少なくなるように、ものを製造・加工・販売すること。Reuse（リ

ユース）は、使用済みになっても、その中でもう一度使えるものはごみとして廃棄しないで再使用すること。Recycle（リサイクル）は、再使用ができずにまたは再使用された後に廃棄されたものでも、再生資源として再生利用すること。３Ｒ活動とは、上の３つのＲに取り組むことでごみを限りなく少なくし、そのことでごみの焼却や埋立処分による環境への悪い影響を極力減らすことと、限りある地球の資源を有効に繰り返し使う社会（＝循環型社会）をつくろうとするものである。

　ゼロエミッションは、1994 年に国連大学が提唱した構想である。ある産業から出る全ての廃棄物を新たに他の分野の原料として活用し、あらゆる廃棄物をゼロにすることを目指すことで新しい資源循環の産業社会の形成をめざす構想である。つまり企業における究極の３Ｒがゼロエミッションである。ここで注意を要するのは、自動車でゼロエミッションという時は、排ガスゼロの自動車を指す。つまり、電気自動車 EV、燃料電池車 FCV を指すので、混乱しないこと。

　次にゼロエミッション企業の典型例であるビール産業の例を示す。

　アサヒビールの全８工場では、ゼロエミッション（アサヒビールの HP では副産物・廃棄物再資源化 100％達成と表現している）を達成している。例として、アサヒビール工場のゼロエミッションの再資源化フローを次に示す。

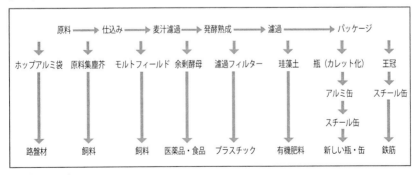

（図表 2-4-1）

・モルトフィード（仕込み工程で発生する麦芽の殻皮）⇒飼料（1996 年達成）

- 汚泥・スクリーン粕⇒有機肥料・堆肥など（1999年達成）
- ガラス屑⇒再生瓶・新瓶・建材（1998年達成）
- 原料集塵芥⇒飼料（1996年達成）
- 余剰酵母⇒アサヒグループ食品（株）製造する「エビオス」などの医薬部外品、酵母エキスなどの食品素材「スーパービール酵母」など（1995年達成）
- 段ボール・紙類⇒段ボール原紙（1998年達成）
- 廃パレット⇒製紙・燃料用チップ（1996年達成）
- ラベル粕⇒化粧箱の原紙（1999年達成）
- 廃プラスチック函（はこ）⇒プラスチックパレット（1996年達成）
- 廃プラスチック類⇒ペットストーン（1999達成）
- 鉄屑⇒鉄鋼材料（1996年達成）
- アルミ屑⇒アルミ缶、電気製品（1995年達成）
- 焼却灰⇒路盤材（1999年達成）
- 廃油⇒B重油（船舶やボイラーの燃料）相当の油（1998年達成）
- その他（廃棄樽など）⇒ステンレス部は再生、ゴム部は熱源（1999年達成）

第5節　環境経営とサステナビリティ経営の違い

　第1章第1節で述べたように、環境経営（Environmental Management）とは、「事業活動に投入される資源・エネルギー・化学物質などの使用から生ずる環境負荷を低減して環境保全を意識的に行いながら経済価値の創造を同時に追求する経営活動」（金原達夫『環境経営入門』(2012、創成社、1頁)）である。あるいは、「環境に配慮して持続可能な発展に貢献し、経済的にも持続する適切なガバナンスを有する企業経営」である。後者の「環境に配慮して」を「環境的・社会的な影響に配慮して」に変えたものがサステナビリティ経営である。つまり、「サステナビリティ経営（Sustainability Management）」とは日本語では持続可能性経営と訳されるが、その定義は一般に次のように示される。「環境的・社会的な影響に配慮して持続可能な発展に貢献し、経済的にも持続する適切なガバナンスを有する企業経営」（宮崎正浩『持続可能性経営』(2016、現代図書、2頁) など）。

第6節　社会的な影響に配慮するとはどういうことか
——トリプルボトムラインの登場

　ISO14001:1996が発行した翌年の1997年、英国シンクタンクのサステナビリティ社の創業者であるジョン・エルキントン氏が提唱した概念がトリプルボトムラインである。英語で単にボトムラインといえば通常の財務諸表で損益計算書の最終行、つまり当期の決算を意味する。これを経済面のみならず、社会面（人権や社会貢献など）や環境面（資源や汚染対策）からも均衡させるべきだという考え方がトリプルボトムラインである。環境や社会といっても公害や安全衛生など目に見えやすい負の影響に偏っていた企業の関心が、貧困・人権・多様性などに広がっていく基盤となったともいえる。

　2002年から筆者が理事を務める環境経営学会では、トリプルボトムラインを基にした「環境経営格付」を実施した。100社以上の大企業が参加して大学教員・大企業OB・ISO審査員などを中心とする環境経営学会会員が直接企業を訪れ調査した。調査最初の2002年当時の経営・環境・社会分野の調査側面は、各々4・11・5側面であった。その6年後の2007年には各分野の調査項目は4・7・8側面に変化している。このことは、ISO14001の普及によって環境分野においては達成された分野が増え、逆に社会的分野が十分ではなかったことを意味している。その内容を次に示す。尚、トリプルボトムラインでは、経済・環境・社会分野であるが環境経営学会では経済は経営に置き換えている。

2002年度	2007年度
●経営分野（4側面）	●経営分野（4側面）
A 経営理念	A 企業統治
B 企業統治	C 法令順守
C リスクマネジメント	D リスク戦略
D 情報開示と説明責任	E 情報戦略・コミュニケーション
●環境分野（11側面）	●環境分野（7側面）
E 地球温暖化対策	F 物質・エネルギー管理

F 資源循環	G 製品・サービスの環境負荷低減
G 有害化学物質管理	H 資源循環及び廃棄物削減
H 大気・水質・土壌汚染	I 化学物質の把握・管理
I 事業立地と社会資産形成	J 生物多様性の保全
J グリーン購入	K 地球温暖化の防止
K 廃棄物処理 L エコデザイン	M 土壌・水汚染の防止・解消
M 物流（ロジスティクス）	●社会分野（8側面）
N 環境報告書・環境会計	N 持続可能な社会を目指す企業文化
O 資源・エネルギー効率・環境対策の向上	O 消費者への責任履行
●社会分野（5側面）	P 安全で健康的な環境の確保
P 企業倫理の向上	Q 就業の継続性確保
Q 地域社会への配慮	R 機会均等の徹底
R 消費者への配慮	S 仕事と私的生活の調和
S 労働安全衛生	T CSR調達の推進
T 機会均等	U 地域社会の共通財産構築

第7節　2003年は日本のＣＳＲ経営元年

　2003年は、日本企業が経営レベルでCSR（Corporate Social Responsibility）、日本では企業の社会的責任を経営レベルで考えるようになった紀元年である。（川村雅彦『ＣＳＲ経営パーフェクトガイド』（2015、Nanaブックス、27頁））　つまり2003年には、リコーが社長直轄の「CSR室」を設置。帝人がCSR経営を機関決定し「コンプライアンス・リスクマネジメント室」を設置。松下電器産業（現パナソニック）が「CSR情報連絡会」を設置。ユニ・チャームが「CSR部」を新設。ソニーが「環境・CSR戦略室」を設置。さらに三菱電機、富士ゼロックス、NEC、東芝、富士通、アサヒビールなどではCSR体制準備を始めた。この時期の最先端の大企業のCSRの内容は、前節で示した環境経営学会の2007年版の内容である。環境分野の内容はISO14001がカバーしているので、ISO14001＋経営分野4側面＋社会分野8側面であった。

　また公益社団法人経済同友会が2003年3月に第15回企業白書『市場

の進化と社会的責任経営』を発行した。その中で経済同友会はCSRの具体的内容とその基準を最も早く公にしたのであった。

経済同友会とは、経営者が個人の資格で参加し国内外の社会経済問題に特定企業の利害にとらわれない自由な立場から提言を行っている団体である。2017年4月27日現在、1431名の会員を擁している。これに対して一般社団法人日本経済団体連合会（経団連）は、個人ではなく日本の主要企業1350社、製造業やサービス業など業種別全国団体、地方別経済団体47団体などからなり（2017年4月1日現在）、経済界が直面する内外の広範な重要課題について経済界の意見のとりまとめや迅速な実現を働きかけている。以下に経済同友会が上書で示したCSRとその評価基準を示す。この文書はホームページで広く公開されている。経団連はこのようなCSRの評価基準は公表していない。

近年、「企業の社会的責任（CSR）」という言葉がクローズアップされている。「企業の社会的責任」という言葉自体は新しい言葉ではないが、わが国では今日的な意味で使われるCSRの定義がやや曖昧なまま議論されており、その本質が正しく理解されていない。
CSR：わが国における典型的な考え方
…いずれもCSRの一部ではあるが、その本質は表していない。
● CSRとは、社会に経済的価値を提供することである。
（⇒専ら企業の持つ「経済的」責任を「主」と考えている。）
● CSRとは、利益を社会に還元し、社会に貢献することである。
（⇒ CSRを「コスト」「フィランソロピー」と考えている。「フィランソロピー」≒慈善活動・社会貢献活動）
● CSRとは、企業不祥事を防ぐための取組みである。
（⇒ CSRを「義務的取組」「法令順守」と考えている。）

情報化の進展、人々の価値観の多様化、市民社会の成熟といった環境変化の中で、市場のイニシアティブが供給サイドから需要サイドにシフトするとともに、企業を「評価する」視線も多様化している。これに呼応して、企業側も社会の変化に対して能動的に企業の発展に結び付けていこうとする動きが高まってきた。今日急速な広がりを見せているCSRは、企業と社会の相乗発展のメカニズムを築くことによって、企業の持続的な価値創造

とよりよい社会の実現をめざす取り組みである。その中心的キーワードは「持続可能性 (sustainability)」であり、経済・環境・社会のトリプル・ボトムラインにおいて、企業は結果を求められる時代になってきている。

CSR の本質

● CSR は企業と社会の持続的な相乗発展に資する——
CSR は持続可能な発展とともに、企業の持続的な価値創造や競争力にも結び付く。その意味で、企業活動の経済的側面と社会・人間的側面は「主」と「従」の関係ではなく、両者は一体のものとして考えられている。

● CSR は事業の中核に位置付けるべき「投資」である——
CSR は事業の中核に位置付けるべき取組であり、企業の持続的発展に向けた「投資」である。

● CSR は自主的取り組みである——
CSR は、コンプライアンス（法令・倫理等遵守）以上の自主的な取り組みである。

CSR が企業の持続的発展や競争力に資すると考えられている理由は主に二つある。

● CSR が企業の持続的発展や競争力向上に資する二つの理由

・リスク・マネジメント：CSR が将来のリスクを軽減する——
CSR の取り組みは、企業が抱えるリスク要因を事前にチェックし、低減していくことにつながる。投資家の視点から見てもこうしたリスク要因は考慮すべき重要なファクターである。

・ビジネス・ケース：CSR が将来の利益を生む——
CSR の取り組みによって、社会のニーズの変化を先取りし、それをいち早く価値創造や新しい市場創造に結び付けるとともに、企業変革の原動力にすることができる。CSR を投資と考えれば、こうした投資能力のある企業は競争他者との差別化を図ることにより、より長期的かつ安定的に利益を確保することを狙っている。

「市場の進化」というコンセプトは、社会のニーズの変化、すなわち市場参加者が経済価値のみならず社会価値、人間価値を重視する価値観」を体現するようになることで、総合的な企業価値の評価が行われることをめざしたが、現実の市場も進化しつつある。持続的に企業価値を高めていく上で、こうした変化にはより敏感になる必要がある。

進化しつつある市場の現実
・**資本市場：急成長するSRI**——
欧米を中心に、CSRに焦点を当てた投資行動として、「社会的責任投資（SRI: Socially Responsible Investment）」が急成長している。米国では総運用資産に占める割合が12％を超え、英国では年金法改正によって年金基金がSRIにシフトしつつある。外国人保有株式が増加する中、わが国の経営者もSRIに無関心ではいられなくなる。

・**消費者市場：主導権は需要サイドに**——
市場のイニシアティブが供給サイドから需要サイドにシフトしていく中、消費者が製品・サービスを選択する際に、「価格」「品質」と並ぶ第3の要素として「CSR」が重要になってくる。環境配慮製品はその先駆けである。

・**サプライチェーン市場：CSRが不十分だと排除される**——
部品や材料の一部にCSRに反する方法で製造されたものが含まれていた場合、その責任は最終製品のメーカーにも及ぶ。そこでCSRの基準を満たしていなければ取引をしないという方針で、サプライヤーを選別している。サプライチェーンがグローバルに張り巡らされている現在、日本企業であろうと、企業規模の大小にかかわらず、CSRは取り組まざるを得ない課題となっている。

・**労働市場：優秀な人材を惹きつける**——
「経済的豊かさ」を手に入れた人々にとって、働く意味は単に生活の糧を稼ぐことだけにとどまらない。欧米のビジネス・スクールの卒業生の間では、企業選択の重要な要因として、CSRを求める傾向が強まっている。わが国でも、優秀な人材を惹きつける観点から、多様な人材を登用・活用し、その能力を発揮できる職場環境を実現できるようなCSRの取り組みが求められている。

　このような社会や市場の変化の動きを受けて、企業価値を評価する視点は、確実に「経済性」のみならず「社会性」「人間性」を含めた総合的な企業価値を評価する方向へ変わりつつある。欧米ではSRIに関連した企業評価・格付けの体系が精緻化しているが、単に欧米賛美・追随ではなく、自らのCSRに対する価値観を世界に積極的に発信していく必要がある。
　CSRには社会のさまざまなステークホルダーとのコミュニケーションによって企業が鍛えられるという側面もある。企業は社会の価値観の変化とともにますます厳しくなる社会からの評価を受けることによって、それを

原動力（ドライバー）にして時代環境に適応した企業変革を進めていくべきである。

コーポレート・ガバナンス（CG）－企業価値の持続的創造を担保する

　コーポレート・ガバナンスは、「企業の持続的な成長・発展をめざして、より効率的で優れた経営が行われるよう、経営方針について意思決定するとともに、経営者の業務執行を適切に監督・評価し、動機付けを行っていく仕組み」であり、その目的は「企業の持続的な成長・発展」を担保することにある。

　企業が社会的責任を果たしながら企業価値を持続的に創造していくためにも、その方向付けのための理念の確立と、それを継続的に実践するための仕組み、すなわちコーポレート・ガバナンスの確立が必要である。

CSRを実践し、持続的成長・発展をめざすコーポレート・ガバナンスの確立

・理念とリーダーシップの確立――
企業理念は、企業経営を方向付け、企業文化を築くための根幹であり、コーポレート・ガバナンスの基点に据えられるべきものである。それを社内全体に繰り返し伝え、浸透させるのが「企業の価値観の主導者 (champion of corporate values)」たる経営トップの役割である。

・マネジメント体制の確立――
ビジネス環境の変化に的確に対応しながら、持続的に創造していくためには、トップ経営者を客観的な視点から評価・監督していく仕組みが必要である。また、チェック・アンド・バランスの機能を有効に働かせるためには「業務執行」と「経営監督」の役割を分離することが望ましい。

・コンプライアンス体制の確立――
企業が社会の重要な構成員である以上、社会の信頼を得ずして長期にわたってその活力を維持することは不可能である。その意味でも、コンプライアンス（法令・倫理等遵守）は「企業の社会的責任」という観点から見て最低限果たすべき義務であり、適切なガバナンスの仕組みの確立・運用が重要であることは言うまでもない。

・ディスクロージャー及びステークホルダーとのコミュニケーション――
長期的な株主価値を向上させるためには、さまざまなステークホルダーにも十分に配慮した経営を行う必要がある。その意味で、自らの活動のプロセスや結果について、自ら積極的に情報開示し、ステークホルダーと対話していくことが必要である。

評価軸Ⅰ：企業の社会的責任（CSR）
１．市場（主なステークホルダー：顧客、株主、取引先、競争相手）
・持続的な価値創造と新市場創造への取り組み
・顧客に対する価値の提供
・株主に対する価値の提供
・自由・公正・透明な取引・競争
２．環境（主なステークホルダー：今日の世代、将来の世代）
・環境経営を推進するマネジメント体制の確立
・環境負荷低減の取り組み
・ディスクロージャーとパートナーシップ
３．人間（主なステークホルダー：従業員、人材としての経営者）
・優れた人材の登用と活用
・従業員の能力（エンプロイアビリティ）の向上
・ファミリー・フレンドリーな職場環境の実現
・働きやすい職場環境の実現
４．社会（主なステークホルダー：地域社会、市民社会、国際社会）
・社会貢献活動の推進
・ディスクロージャーとパートナーシップ
・政治・行政との適切な関係の確立
・国際社会との協調
評価軸Ⅱ：コーポレートガバナンス（ＣＧ）
１．理念とリーダーシップ
・経営理念の明確化と浸透
・リーダーシップの発揮
２．マネジメント体制
・取締役／監査役（会）の実効性
・社長の選任・評価
・CSRに関するマネジメント体制の確立
３．コンプライアンス
・企業行動規範の策定と周知徹底
・コンプライアンス体制の確立
４．ディスクロージャーとコミュニケーション
・ディスクロージャーの基本方針やその範囲
・ステークホルダーとのコミュニケーション

第3章　ISO26000とサステナビリティ経営

第1節　CSRの国際規格 ISO26000 の発行

　2003年3月に経済同友会が『市場の進化と社会的責任経営』を発表してから7年後の2010年11月にCSRがISO26000として国際標準化されたのである。経済同友会のCSRは経営者視点で書かれている。しかし、ISO26000は、政府・産業界・労働・消費者・NGO・その他有識者という多様なセクターが参加するマルチステークホルダー方式（多様な利害関係者による方式）により策定された。400人を超えるエキスパートが参加した、ISOにおいては空前の作業部会規模で進められた。2005年に作業グループとして活動が開始されて以来5年の歳月が費やされた。この規格は次のように言える。

　「持続可能な発展を実現するために、世界最大の国際標準化機構ISOによって、多様な参加と合意のプロセスで開発されたあらゆる組織に向けた社会的責任に関する初の包括的・詳細な手引書」（関正雄『ISO26000を読む』(2011、日科技連、2頁)）

　ISO26000はCSR(Corporate Social Responsibility)ではなく、SR(Social Responsibility)とされる。つまり企業を含むが企業のみならず、すべての組織例えば政府・自治体・労働組合・大学・学校・病院・NGO・マスメディア・消費者団体などに適用できる規格である。これは作成メンバーがマルチステークホルダーである以上当然の事である。

　ISO26000の翻訳書は『ISO26000:2010 社会的責任に関する手引き』として2011年1月20日に日本規格協会より発売された。2012年3月21日には、JIS Z 26000としてJIS化された。ISO26000は、審査員が審査して審査機関が認証を与える品質マネジメントシステムISO9001や環境マネジメントシステムISO14001と異なり、認証目的で用いられない。あくまでもガイダンス（手引き）に過ぎない。このようにISO26000は、認証を目的としたマネジメントシステムではなく、SRに関わる広く普遍的な要素が示されている。その内容は7つの社会的責任を果たすための原則、7つの中核主題、36の課題よりなる。その中から、各組織が必要

なものを自らが判断選択して取り組んでいくことになる。さらにこれらを履行した時に得られるメリットとして 13 の項目が指摘されている。

経済同友会の CSR と ISO26000 の SR を図で書くと次のようになる。

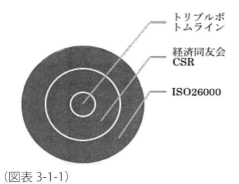

（図表 3-1-1）

第 2 節　ISO26000 における社会的責任を果たすための 7 つの原則

　ISO26000 では始めに社会的責任を果たすための 7 つの原則についてのガイドラインが示されている。これらは全ての組織で基本とするべき重要な視点である。つまり全ての組織が守らなければならない内容である。

1 つ目：4.2　説明責任
　原則：組織は、自らが社会、経済及び環境に与える影響に説明責任を負うべきである。

2 つ目：4.3　透明性
　原則：組織は、社会及び環境に影響を与える自らの決定及び活動に関して、透明であるべきである。

3 つ目：4.4　倫理的な行動
　原則：組織は、倫理的に行動すべきである。

4 つ目：4.5　ステークホルダーの利害の尊重
　原則：組織は、自らのステークホルダーの利害を尊重し、よく考慮し、対応すべきである。

5 つ目：4.6　法の支配の尊重
　原則：組織は、法の支配を尊重することが義務であると認めるべきである。

6つ目：4.7　国際行動規範の尊重
　原則：組織は、法の支配の尊重という原則に従うと同時に、国際行動規範も尊重すべきである。
7つ目：4.8　人権の尊重
　原則：組織は、人権を尊重しその重要性及び普遍性の両方を認識すべきである。

第3節　社会的責任の7つの中核主題

　7つの中核主題とはこの中から組織が任意に選択して実施する内容が書かれている。
1つ目：　6.2　　統治組織
●組織として有効な意思決定の仕組みを持つようにする。
●十分な組織統治は社会的責任実現の土台である。
（具体例）
　（1）監査役や監事の選定と適正な運営
　（2）ステークホルダー・ダイアローグの実施
　（3）コンサルタント、業界団体などの社外専門家の活用
2つ目：　6.3　　人権
●人権を守るためには個人、組織両方の認識と行動が必要。
●直接的な人権侵害のみならず、間接的な影響にも配慮、改善が必要。
またこの人権の項では、実施すべき、克服すべき8つの課題が挙げられている。
①デューディリジェンス(6.3.3)、②人権に対する危機的状況(6.3.4)、③加担の回避(6.3.5)、④苦情解決(6.3.6)、⑤差別及び社会的弱者(6.3.7)、⑥市民的及び政治的権利(6.3.8)、⑦経済的、社会的及び文化的権利(6.3.9)、⑧労働における基本的原則及び権利(6.3.10)
（具体例）
　（1）差別のない雇用の実施
　（2）不当な労働条件下での労働や児童労働の禁止
　　・特に中小企業が海外生産するときには十分な調査が必要である。

（3）人権教育の実施。
（4）人権相談窓口の設置。
（5）障がい者、高齢者など社会的弱者の雇用促進。

　特に ISO26000 の人権の項目では、デューディリジェンス（Due Diligence）という言葉がキーワードとなっている。人権におけるデューディリジェンスとは、自分の組織や取引組織等の関係組織が人権を侵害していないかを確認し、侵害している場合はその是正をすることをさす。（デューディリジェンスは、英語の Due（当然の、正当な）と Diligence（勤勉、精励、努力）を組み合わせた言葉で、直訳すると、当然の努力という意味になる。もともとデューディリジェンスは、法律用語である。企業が証券を発行するとき、開示している情報が証券取引法の基準に適合しているのか、投資家を保護する観点から開示情報を精査することを指して使われたことが語源といわれている。この言葉も、今日では、主に投資用不動産の取引を行うときや、企業が他社の吸収合併（M&A）や事業再編を行うとき、あるいはプロジェクトファイナンスを実行する際、果たして本当に適正な投資なのか、また投資する価値があるのかを判断するため、事前に詳細に調査を行うことを指して一般に使用されている。）

　中小企業で、海外に拠点・取引を持つ場合は、海外での人権保護に十分な確認が必要である。

3つ目：　6.4　労働慣行

●労働慣行は、社会・経済に大きな影響を与える。

●労働は商品ではない（1944 年の ILO フィラデルフィア宣言）。

・労働者を生産の要素としたり、商品に適用する場合と同様の市場原理の影響下にあるものとして扱ってはならない。

・全ての人は自由に選択した労働によって生活の糧を得る権利、及び公正かつ好ましい労働条件を得る権利を有する。

●労働者のために公正かつ公平な処遇を確実にする主たる責任は政府にある。政府がそれらの法を制定できていない場合、組織はこれらの国際文書の基礎となっている原則を順守すべきである。国内法が適切である場合、たとえ政府による施行が不適切であっても、組織はその国内法を順守すべ

きである。
　またこの労働慣行の項では、実施すべき、克服すべき5つの課題が挙げられている。
①雇用及び雇用関係(6.4.3)、②労働条件及び社会的保障(6.4.4)、③社会対話（職場での労使協議など）(6.4.5)、④労働における安全衛生、⑤職場における人材育成及び訓練(6.4.7)
（具体例）
　（1）職場の安全環境改善。
　（2）ワーク・ライフバランス推進。
　（3）非正規社員の正規登用制度の確立。
　（4）人材育成・職業訓練の実施。
　（5）高齢者など社会的弱者の積極雇用。
　特に中小企業においては、雇用機会、労働時間など労働関連法令の再確認からスタートする必要がある。従業員・労働組合との話し合いなどを通じて組織と従業員にとってよりよい仕組みを作ることが重要である。
4つ目：　6.5　環境
●組織の規模に関らず、環境問題への取り組みは重要。
●組織が環境に対する責任を持ち、予防的アプローチをとる。
・ISO14001、エコアクション21などのマネジメントシステムは有効。
またこの環境の項では、実施すべき、克服すべき4つの課題が挙げられている。
①汚染の予防(6.5.3)、②持続可能な資源の利用(6.5.4)、③気候変動の緩和及び適応(6.5.5)、④環境保護、生物多様性、及び自然生息地の回復(6.5.6)
（具体例）
　（1）大気・水・土壌汚染の低減・浄化対策。
　（2）資源利用量の削減・効率化（省エネ・省資源・CO_2削減）。
　（3）資源の再利用・再資源化。
　（4）環境マネジメントシステムの導入。
　（5）サプライチェーンにおける環境・生物多様性保全活動実施。

（サプライチェーンとは、原材料の調達から生産・販売・物流を経て最終需要者に至る、製品・サービス提供のために行われるビジネス諸活動の一連の流れのこと。業種によって詳細は異なるが、製造業であれば設計開発、資材調達、生産、物流、販売などのビジネス機能（事業者）が実施する供給・提供活動の連鎖構造。）

中小企業では最低限、環境に関する法令、条例を再確認する。どんな組織でも環境への接点はある。身近なところからできることを実施する。神戸山手大学が2010年6月に兵庫県下の中小企業中心に行ったアンケート（約1000社に送付、回収率約35パーセント）では、約20パーセントがISO14001を認証取得しており、約5パーセントがエコアクション21を認証取得している。更なる環境マネジメントシステムの認証取得が中小企業に求められている。

5つ目：6.6 公正な事業慣行
●他の組織とのかかわりにおいて、社会に対して責任ある倫理的行動をとる。

またこの公正な事業慣行の項では、実施すべき、克服すべき5つの課題が挙げられている。
①汚職防止(6.6.3)、②責任ある政治的関与(6.6.4)、③公正な競争(6.6.5)、④バリューチェーンにおける社会的責任の推進（自組織のみならず、取引先など、関係する組織にも、社会的責任を推進すること）（バリューチェーンについては、72頁参照）(6.6.6)、⑤財産権の尊重（知的財産まで含めた財産権を尊重し、その権利を侵害するようなことをしない）(6.6.7)
（具体例）
　（1）意識向上教育
　（2）内部通報・相談窓口の設置
　（3）下請け業者への配慮（支払期日・方法）
　（4）フェアトレード製品等の購入（フェアトレード（公平貿易）とは、発展途上国で作られた作物や製品を適正な価格で継続的に取引することによって、生産者の持続的な生活向上を支える仕組み）
　（5）社会的責任活動の取引先・顧客への推奨

（6）従業員の発明への正当な対価の補償

中小企業では、独占禁止法、下請け法を再確認する。組織のトップが公正な事業遂行に取り組む姿勢を示すことが重要である。

6つ目：6.7 消費者課題

●自らの組織が提供する製品・サービスに責任を持ち、製品・サービスに危険が及ばないようにする。

●消費者がその製品やサービスを使うことで、環境への被害が出る等社会へ悪影響を与えてしまうことがないようにすることが重要。

またこの消費者課題の項では、実施すべき、克服すべき7つの課題が挙げられている。

①公正な情報提供及び契約履行(6.7.3)、②消費者の安全衛生の保護(6.7.4)、③消費者への持続可能な消費を促す(6.7.5)、④消費者に対するサービス、支援、並びに苦情及び紛争の解決(6.7.6)、⑤消費者データ及びプライバシー保護(6.7.7)、⑥必要不可欠なサービスへのアクセス補償(6.7.8)、⑦消費者の教育、意識向上に努める(6.7.9)

（具体例）
　（1）品質マネジメントシステムの導入
　（2）個人情報保護マネジメントシステムの導入
　（3）安全基準の策定
　（4）お客様窓口の設置・強化
　（5）消費者とのコミュニケーション強化
　（6）わかりやすいマニュアルの作成
　（7）積極的な情報開示
　（8）エコ推進活動・エコ製品製造
　（9）社会的弱者などを対象とした割引制度

中小企業では2009年に消費者庁の設立に鑑み、消費者課題に対する社会の意識が高まっていることを考慮して、一層消費者課題に対して積極的に取り組むことが必要である。ISO9001やプライバシーマークなどの規格を活用して法令順守はもちろんのこと、消費者課題に対して組織が自主的に取り組むことが重要である。

7つ目　6.8 コミュニティへの参画及びコミュニティの発展
●地域住民との対話から、教育・文化の向上、雇用の創出まで幅広くコミュニティに貢献する。

　またこのコミュニティへの参画及びコミュニティの発展の項では、実施すべき、克服すべき7つの課題が挙げられている。
①コミュニティへの参画(6.8.3)、②教育及び文化への貢献(6.8.4)、③雇用創出及び技能開発への貢献(6.8.5)、④技術の開発及び技術導入(6.8.6)、⑤富及び所得の創出(6.8.7)、⑥コミュニティ構成員の健康への貢献(6.8.8)、⑦コミュニティへの社会的投資(6.8.9)
（具体例）
　（1）地域におけるボランティア活動
　（2）地域住民・児童を対象とした啓発・教育活動
　（3）地域におけるスポーツ促進
　（4）社会的弱者の雇用促進活動
　（5）ホームレス自立支援活動
　（6）コミュニティ内組織の協力による技術開発
　（7）コミュニティを対象とした事業
　この中核主題は他の中核主題と比べて法令などが定められていない。地域に溶け込んでいる中小企業にとってはそれぞれの特徴を生かした自由な形での貢献が可能と言えよう。

ISO26000の7つの中核主題

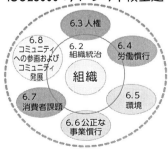

（図表3-3-1）　7つの中核主題（筆者作成）

第4節　組織にとっての ISO26000 を順守するメリットはなにか

　今まで見てきたように ISO26000 は 7 つの社会的責任を果たすための原則、7 つの中核主題、36 の課題よりなる。これらを順守するメリットとして 13 の項目が指摘されている。
（1）社会の期待、社会的責任に対する機会、及び社会的責任を果たさないことのリスクに対する理解の向上によって、組織のより情報に基づいた意思決定を促進する。
（2）組織のリスクマネジメント慣行を向上させる。
（3）組織の評価を上げ、社会的な信頼を向上させる。
（4）組織が活動する上での社会的な認可を与える。
（5）技術革新を引き起こす。
（6）資金へのアクセス及び好ましいパートナーの地位を含む、その組織の競争力を高める。
（7）組織のステークホルダーとの関係を強化することによって、その組織は新しい視点を経験し、さまざまなステークホルダーと接触することができる。
（8）従業員の忠誠心、関与、参画、及び士気を高める。
（9）女性労働者及び男性労働者の安全衛生を向上させる。
（10）組織の新規採用の能力及びその組織の従業員の意欲を高め、勤続を奨励する能力にプラスの影響を与える。
（11）生産性及び資源効率を向上し、エネルギー及び水の消費を減らし、廃棄物を減らし、価値のある副産物を回収することによって、節約を行う。
（12）責任ある政治的関与、公正な競争、及び汚職をしないことによって、取引の信頼性及び公正性を高める。
（13）製品またはサービスに関する消費者との紛争の可能性を予防し、減少させる。

第5節　ISO26000 の具体例

　2011 年に淡路島の最大級の養鶏業者から筆者のもとに、地元から

県庁に苦情が寄せられているがどうしたらよいかの相談を受けた。そこでISO26000の次の項目を利用して逆にピンチをチャンスに変えようと試みた。
6.5　環境
●組織の規模に関らず、環境問題への取り組みは重要。
●組織が環境に対する責任を持ち、予防的アプローチをとる。
6.8 コミュニティへの参画及びコミュニティの発展
●地域住民との対話から、教育・文化の向上、雇用の創出まで、幅広くコミュニティに貢献する。

　つまり、神戸山手大学がアンモニア消臭装置を作成すると共にアンモニアを肥料にリサイクルする。この鶏卵業者は毎年近隣住民対象にイベントを開いている。イベントでは放し飼いで飼育している一部の鶏の採卵やゲームを実施し、地域ステークホルダーとの対話を行っている。そのようなイベントでアンモニア吸収リサイクル装置を近隣住民等に公開し、ISO26000に従って環境への取り組みを進めていることを、近隣ステークホルダーに訴え、また大学と共同で環境保全に努めている事を強調して、ステークホルダーの納得を促進する。次に示すのがその装置である。

（写真 3-5-1）（筆者撮影）
　この装置のブロワーやタンクは、もともと養鶏場にあり放置されていた

未使用のものを使用した。つまり廃品の再利用であり、製作費は総額で数万円である。現在はこの装置の上に庇(ひさし)を付け、次のような文章を載せた看板を作成した。これは、この養鶏場に就職した神戸山手大学の学生が作った文章である。

> 私たち○○たまご（株）は、ISO26000の企業の社会的責任の精神に則り、悪臭対策、悪臭の原因であるアンモニアのリサイクルを進めています。
> こちらにあります脱臭装置で屋根に溜まった悪臭の原因であるアンモニアガスを吸い込み酸性水に溶かすことにより悪臭の抑制を行い、脱臭装置により生成された水溶液は肥料として使用いたしております。これらの事業は淡路市商工会、神戸山手大学の産学との連携により実現したものです。
> 今後、○○たまご（株）は、脱臭やリサイクル、各種イベントをはじめとして、本来業務である新鮮な卵を安く提供することを通じて地域の皆様に貢献いたします。

このように大学や商工会を巻き込んで、環境保全に取り組んでいる事を地域住民に見せる事が、住民の不満を和らげるのに非常に有用である。岡山県美作市の環境対策課の方が岡山県最大級の養鶏場の悪臭に不満を持つ近隣の住民とこの淡路島の業者を視察されたが、岡山県の養鶏業者が、せめて産学連携でこのような対策をしてくれればよいのにと嘆いておられた。

近隣住民の不満を和らげるには、このように「ISO26000に則り、産学連携で努力している」という姿勢を見せることが重要である。また大学から見ると産学連携が、事業に携わった学生の雇用に繋がるメリットがある。実際今回の消臭事業で活躍した学生が、正社員として○○たまご（株）に採用されている。

第6節　中小企業にISO26000を広め定着させる企業市民制度

埼玉県和光市では、2010年より「企業市民制度」を制定した。これは地域社会に貢献する事業所を「企業市民」として和光市が認定し、市のホームページ等でその企業名を公表し、公共工事入札での加点、物品購入で

認定企業を優先しようという制度である。和光市のＨＰには次のように記されている。
「市民と共に地域の社会活動を行う企業を企業市民として捉え、「和光市企業市民」に認定することにより企業の自発的な企業市民活動の推進を促し、もって市、市民、及び企業による協働のまちづくりに寄与する事を目的とします。」

　地域社会に貢献する企業とは、次にあげるようなさまざまな社会活動を積極的に行う組織を指す。これらの活動はISO26000の活動に見事に合致しているのである。〔　〕内は、対応するISO26000の項番を示す。
（１）安心安全なまちづくりの観点から犯罪の未然防止、犯罪から弱者を守る活動を行う企業。
〔「6.8 コミュニティへの参画及びコミュニティの発展」の中の「課題①コミュニティへの参画」〕
（２）災害の未然防止や災害時における各種支援活動を行う企業。
〔「6.5 環境」の中の「課題①汚染の予防」〕
（３）事業系ごみの減量化やCO_2の削減、環境美化活動を行う企業。
〔「6.5 環境」の中の「課題②持続可能な資源の利用」〕
（４）青少年の健全な発達のために各種支援活動を行う企業。
〔「6.7 消費者課題」の中の「課題⑦教育及び意識向上」または「6.8 コミュニティへの参画及びコミュニティの発展」の中の「課題②教育及び文化」〕
（５）地域コミュニティ活動への協力や各種まちづくり団体へ支援を行う企業。〔「6.8 コミュニティへの参画及びコミュニティの発展」の中の「課題①コミュニティへの参画」〕
（６）子育て支援に関する活動や男女共同参画推進企業、従業員の就業環境にやさしい企業。
〔「6.4 労働慣行」の中の「課題②労働条件及び社会的保護」〕
（７）ノーマライゼーションの見地から各種社会福祉活動を行う企業。
〔「6.3 人権」の中の「課題⑤差別及び社会的弱者」または「6.4 労働慣行」の中の「課題②労働条件及び社会的保護」〕
　このように和光市の「企業市民制度」はISO26000の展開例の典型である。

2012年5月10日現在、和光市のホームページに掲載されている業種別企業市民は次のとおりである。建設業44事業所、製造業29社、電気・ガス・熱供給・水道業5社、情報通信業3社、運輸業1社、卸売業・小売業44社、金融業・保険業3社、不動産業・物品賃貸業5社、学術研究・専門・技術サービス業9社、宿泊業・飲食サービス業14社、生活関連サービス業・娯楽業13社、教育・学習支援業2社、医療・福祉3社、複業サービス業（自動車販売と整備又は修理）2社、サービス業6社、合計183社が企業市民として市のホームページに載せられている。ホームページの各企業をクリックするとそれぞれの企業のホームページに移行できるシステムである。企業にとっては、市のお墨付きが得られ、宣伝効果は高いというメリットがある。
　神戸山手大学のある兵庫県の太子町と太子町商工会でもこの制度を開始する準備を始め、筆者も全面協力している。戦略的にはISO26000を商工会会員に知らせ、その延長上に「企業市民制度」を敷衍していこうとするものである。

第7節　GRIとは何か
　大企業を中心に発行されているサステナビリティレポート、CSRレポート、社会・環境レポートなどには、ISO26000とレポートとの対照表が示されるようになっている。もう一つ対照表が示されているのはGRIガイドライン対照表である。GRIは、Global Reporting Initiativeの略で、企業のCSRに関するレポートの世界標準のガイドラインを提供している非営利組織である。オランダに本部を置き、世界各国のコンサルタント・経営者団体・企業・市民団体などでつくられている。GRIは1997年に国連環境計画(UNEP)と「環境責任経済のための連合(CERES)」との合同事業として発足し、2002年に独立組織となった。国連とのコネクションと世界で最初にCSRレポートガイドラインを策定したことから、現在世界のグローバル企業がGRIのレポート基準を採用しているのが実態である。GRIはレポートの作成に関して次のことを主張する。
・経済・環境・社会的パフォーマンス（トリプルボトムライン）について

のバランスのとれた合理的な報告書の作成。
・経年比較を可能とする。
・組織間比較を可能とする。
・ステークホルダーが関心を持つ問題への言及。
現在、GRI ガイドライン 4 版までが公表されている。

次にパナソニックの『サスティナビリティデータブック』(2017) を例に GRI ガイドライン 4 版の社会分野の一部の内容とパナソニックの公表文書との比較を概観する。

サブカテゴリー：社会

側面：地域コミュニティ	GRI ガイドライン	パナソニック公表文書
G4-SO1	事業のうち、地域コミュニティとのエンゲージメント、影響評価、コミュニティ開発プログラムを実施したものの比率	・地域社会 ・本業を通じた社会への貢献 ・事業進出時の地域への影響の配慮
G4-SO2	地域コミュニティに著しいマイナスの影響（現実のもの、潜在的なもの）を及ぼす事業	・事業進出時の地域への影響の配慮
側面：腐敗防止		
G4-SO3	腐敗に関するリスク評価を行っている事業の総数と比率、特定した著しいリスク	・公正な事業活動 ・腐敗防止
G4-SO4	腐敗防止の方針や手順に関するコミュニケーションと研修	・公正な事業活動 ・腐敗防止 ・コンプライアンス教育
G4-SO5	確定した腐敗事例、及び実施した措置	・公正な事業活動 ・腐敗防止
側面：反競争的行為		
G4-SO7	反競争的行為、反トラスト（同一業種の諸企業が市場支配のため結合した高度な独占体）、独占的慣行により法的措置を受けた事例の総件数及びその結果	・重大な違反と是正の取り組み
側面：コンプライアンス		

G4-SO8	法規制への違反に対する相当額以上の罰金金額及び罰金以外の制裁措置の件数	・重大な違反と是正の取り組み ・該当する事案が発生した場合には、取引所公開リリースにて公開しています。
側面：サプライヤーの社会への影響評価		
G4-SO9	社会に及ぼす影響に関するクライテリア（基準）によりスクリーニングした新規サプライヤーの比率	・責任ある調達活動 ・購入先様へのCSRの徹底
G4-SO10	サプライチェーンで社会に及ぼす著しいマイナスの影響（現実のもの、潜在的なもの）及び実施した措置	・調達活動 ・購入先様へのCSRの徹底 ・紛争鉱物対応
側面：社会への影響に関する苦情処理制度		
G4-SO11	社会に及ぼす影響に関する苦情で、正式な苦情処理制度に申立、対応、解決を図ったものの件数	・評価

　GRI ガイドライン4版は基本的には ISO26000 に対応しているが1対1対応ではない。GRI は、トリプルボトムライン（経済・環境・社会）を出発としているが、ISO26000 は経済ではなく組織統治がベースになっているので、組織統治の分野で GRI は ISO26000 に劣る。したがって ISO26000 は ESG（Environment, Social, Governance=環境、社会、統治）ベースといえる。ESG については、ESG 投資の節で後述される。

　大企業のホームページやサステナビリティレポート、CSR レポートを見ると、企業の報告内容について ISO26000 と GRI の2つの対照表をわざわざ示すという状況に陥っている。前記のパナソニックの対照表は GRI とパナソニックの報告書との対照表である。2種類の対照表を見なければならないことは消費者や投資家にとっては非常に不便であり、ISO26000 に統一されることが望ましいと筆者は考える。GRI が使われている理由は、ISO26000 の発行の10年以上前に GRI が CSR の内容を発表し、しかも ISO26000 の作成に GRI も参加していたという経過があるからである。

第4章　国連主導のＣＳＲ－ＳＤＧｓ

第1節　SDGs 持続可能な開発目標とは何か

　2015年9月25日から27日にかけてニューヨーク国連本部において「国連持続可能な開発サミット」が開催され、150を超える加盟国首脳の参加の下、その成果文書として、「我々の世界を変革する：持続可能な開発のための2030アジェンダ」が採択された。アジェンダは、人間、地球及び繁栄のための行動計画として、宣言及び目標を掲げた。この目標が17の目標と169のターゲットからなる「持続可能な開発目標（Sustainable Development Goals：SDGs）」である。

　国連に加盟するすべての国は、全会一致で採択したアジェンダを基に、2015年から2030年まで、次に示す貧困や飢餓、エネルギー、気候変動、平和的社会など、持続可能な開発のための諸目標を達成すべく力を尽くすことが決定された。また小規模企業から多国籍企業、協同組合、市民社会組織や慈善団体等多岐にわたる民間部門がこの新アジェンダの実施における役割を有するとしている。さらに政府と公共団体は、地方政府、地域組織、国際機関、学究組織、慈善団体、ボランティア団体、その他の団体と密接に実施に取り組むとしている。もちろん政府や民間企業に対して、国連が強制力を持たないがこれらのSDGsを無視はできないし、特にグローバル企業にとってはこれらのSDGsに対して何らかのアクションを起こさなくては世界企業としての生き残りは困難であろう。

第2節　SDGs の前に MDGs があった

　2000年に国連は貧困対策を中心としてミレニアム開発目標(Millennium Development Goals : MDGs)を決定した。これは達成期限を2015年とし、8つの目標から成っていた。

1．極度の貧困と飢餓の撲滅
2．普遍的な初等教育の達成
3．ジェンダー平等の推進と女性の地位向上
4．乳児死亡率の削減

5．妊産婦の健康の改善
6．HIV/エイズ、マラリア、その他の疾病の蔓延防止
7．環境の持続可能性の確保
8．開発のためのグローバルなパートナーシップの推進

　MDGsはある程度の成果を上げた。2015年の報告では極度の貧困は、1990年の19億人から8億3600万人まで減少した。しかし地球上の9人に1人はいまだに十分な食料を得られていない。
　このような状況の下、MDGsに代わる新たな目標がたてられたのであった。これがSDGsである。SDGsの特徴は、民間企業の協力なしには目標が達成されないとの認識の下、民間企業のCSRとしてSDGsを達成しようとしていることである。そのために民間企業がSDGsに取り組むための指針としてSDGコンパスが作成された。

第3節　SDGsの17目標とアイコン

　グローバル企業は、SDGsの17の目標から自身が実行可能なものを選択して実施することを始めている。実施内容や成果を企業が発行する「CSR報告書」「統合報告書」「サステナビリティレポート」「社会環境報告書」等に書かれ始めている。国連広報センターでは企業や個人への浸透の必要性から、17目標のアイコン及び英語のキャッチコピーを策定した。さらに株式会社博報堂クリエイティブを中心に国連関係機関、SDGsに関わる日本の市民団体、日本政府、国際協力機構（JICA）といった幅広いアクターとのコンサルテーションを重ね、イメージの湧きやすい日本語キャッチコピーも制作された。
　なお、ここで取り上げるアイコン及びロゴは国際連合広報センターHPで自由に使用してよいことが明記されており、誰でも自由にダウンロードできる。

●目標1. あらゆる場所のあらゆる形態の貧困を終わらせる。(NO POVERTY)

・このアイコンは左から祖父・女性孫・祖母・母・男性孫・父を表している。

●目標2. 飢餓を終わらせ、食料安全保障及び栄養改善を実現し、持続可能な農業を促進する。(ZERO HUNGER)

・我々日本人の感覚では、うどん・そば・ラーメンから湯気が上がっているイメージである。

●目標3. あらゆる年齢のすべての人々の健康的な生活を確保し、福祉を促進する。(GOOD HEALTH AND WELL-BEING)

・心電図が正常であることを示しており、健康と福祉を象徴している。

●目標4.すべての人に包摂的かつ公正な質の高い教育を確保し、生涯学習の機会を促進する。(QUALITY EDUCATION)

・ノートと鉛筆が質の高い教育を示している。

●目標5.ジェンダー平等を達成し、すべての女性及び女児の能力強化を行う。(GENDER EQUALITY)

・このアイコンはユニークであり、♀と♂を○の部分で重ねて、中に＝とするのは目を引く。

●目標6.すべての人々の水と衛生の利用可能性と持続可能な管理を確保する。(CLEAN WATER AND SANITATION)

・水はわかるが、トイレについてはわかりづらい。下向きの矢印がトイレの汚物を下水に流すことを表している。

●目標7. すべての人々の、安価かつ信頼できる持続可能な近代的エネルギーへのアクセスを確保する。(AFFORDABLE AND CLEAN ENERGY)

・太陽の中に、パソコンの電源記号が記されている。クリーンエネルギーである太陽光エネルギーと電源を組み合わせている。

●目標8. 包摂的かつ持続可能な経済成長及びすべての人々の完全かつ生産的な雇用と働きがいのある人間らしい雇用(ディーセント・ワーク)を促進する。(DESENT WORK AND ECONOMIC GROWTH)

・経済成長は棒グラフと矢印で示している。

●目標9. 強靭（レジリエント）なインフラ構築、包摂的かつ持続可能な産業化の促進及びイノベーションの推進を図る。(INDUSTRY INNOVATION AND INFRASTRUCTURE)

・立方体を4つ組合せて安定性を表現している。

●目標10.各国内及び各国間の不平等を是正する。(REDUCED INEQUALITIES)

・周囲の4つの三角形は各国や国の中の人々を表し、これらを平等にするという意味を込めて中心にイコールを入れている。

●目標11.包摂的で安全かつ強靱(レジリエント)で持続可能な都市及び人間居住を実現する。(SUSTAINABLE CITIES AND COMMUNITIES)

・左から、戸建て住宅、マンション、オフィスを表している。右端の家には太陽光パネルがある。

●目標12.持続可能な生産消費形態を確保する。(RESPONSIBLE CONSUNPUTION AND PRODUCTION)

・目標12の原文にある「持続可能な」と無限大がリンクしている。

●目標13.気候変動及びその影響を軽減するための緊急対策を講じる。(CLIMATE ACTION)

・眼の瞳に地球が写っている。つまり地球の気候変動に注意せよということを訴えている。

●目標14.持続可能な開発のために海洋・海洋資源を保全し、持続可能な形で利用する。(LIFE BELOW WATER)

・これは海の資源を意味している。

●目標15.陸域生態系の保護、回復、持続可能な利用の推進、持続可能な森林の経営、砂漠化への対処、ならびに土地の劣化の阻止・回復及び生物多様性の損失を阻止する。(LIFE ON LAND)

・前図の海の資源と並んで、陸の資源を意味している。木の横にいるのは鳥である。

●目標 16. 持続可能な開発のための平和で包摂的な社会を促進し、すべての人々に司法へのアクセスを提供し、あらゆるレベルにおいて効果的で説明責任のある包摂的な制度を構築する。(PEACE, JUSTICE, STRONG AND INSTITUTIONS)

・平和の象徴である鳩とオリーブはよく見かけるイラストである。公正の象徴としてアメリカやヨーロッパの裁判官が持つガベル（木槌）が使われている。公正の象徴としては剣と天秤を持つ女神テミスが有名ではあるが、ここでは司法制度の充実を求めているので、ガベルが使用されている。

目標 17. 持続可能な開発のための実施手段を強化し、グローバル・パートナーシップを活性化する。(PARTNERSHIPS FOR THE GOALS)

・5つの輪が表す5大陸の人々の連帯を表している。私のような 60 歳代の人間にはエキスポ 70 のエンブレムが想起される。

第4節　SDGsの将来

2017 年 7 月 17 日、ニューヨークの国連本部で「持続可能な開発の認知向上ための国連ハイレベル政治フォーラム (HLPE)」が開催された。HLPE は、持続可能な開発目標 SDGs の国際的なフォローアップの場で、自国の取組みを発表する「自発的国家レビュー」に 44 カ国が参加した。日本からは当時外務大臣であった岸田文雄が出席した。岸田は日本のビジョンとして「誰一人取り残さない多様性と包摂性のある社会」を提示し

た。その上で、安倍晋三首相を本部長とする「SDGs 推進本部」を設置した。マルチステークホルダーによる「SDGs 推進円卓会議」の議論を経て、「SDGs 実施指針」を作成し、一連の取組みを強く世界にアピールした。

　日本国内では、格差是正、女性活躍、子供の貧困解消、若年者雇用などに課題があるとし、「SDGs 実施指針」の施策を強力に推進することとした。また国際協力では、子供や若年層の施策に力を入れることとした。資金援助では、教育・保険・防災・ジェンダー分野を中心に 2018 年に 10 億ドルの大盤振る舞い実施を表明した。そして企業の SDGs への貢献を後押しするために国際協力機構 (JICA) が「SDGs ビジネス調査」を積極展開することになった。同時に SDGs の認知向上のために「ジャパン SDGs アワード」が創設されることになった。つまり「SDGs 推進本部」が優れた取り組みを実施する企業などを毎年 5 件程度選んで表彰することにしたのである。また、SDGs に取り組む企業などには次に示す SDGs ロゴマークが付与される。

　ロゴマークを付与された企業は、SDGs の 17 目標のどの目標に貢献するのかを、その進捗状況を測る指標と期限をあわせて国民に公開することが求められる。つまりグローバル企業は、本業に立脚した SDGs 目標を実行することによりビジネスチャンスを得ることに標的を絞り出したということである。したがって今後我々は、前出の SDGs ロゴマークや 17 目標のアイコンを目にすることが多くなることが予想される。

第5節　SDGsをサステナビリティレポートに載せた企業の具体例

味の素株式会社では『サスティナビリティデータブック2016』に次のようなSDGsの実行を記載している。

目標2　飢餓をゼロに 目標3　すべての人に健康と福祉を	・ガーナ　マラウイにおける栄養改善プログラム ・ベトナム学校給食プロジェクト
目標12　つくる責任　つかう責任 目標13　気候変動に具体的な対策を 目標14　海の豊かさを守ろう 目標15　陸の豊かさも守ろう	・持続可能な農業に貢献する「バイオサイクル」 ・「食卓からのエコライフ」提案 ・カツオ生態調査への参画 ・森を守り、水を育む「ブレンディの森」森づくり活動
目標5　ジェンダー平等を実現しよう 目標8　働きがいも経済成長も 目標17　パートナーシップで目標を達成しよう	・ガーナ栄養改善プロジェクト女性販売員の起用 ・女性活躍推進

味の素では、SDGsのみならずISO26000の中核主題の実行に関する詳細な報告も行っている。

　SDGコンパスでは、バリューチェーン（価値連鎖）におけるSDGsマッピングに対して次の事例を挙げている。なお、バリューチェーンとは、ハーバードビジネススクール教授のマイケル・E・ポーターが、『Competitive advantage : creating and sustaining superior performance』(Free Press,1985)（邦訳：『競争優位の戦略―いかに好業績を持続させるか』（ダイヤモンド社、1985））で使用した言葉である。企業活動における業務の流れを機能単位に分割してとらえ、業務の効率化や競争力の強化を目指す経営手法。例えばメーカーであれば、技術開発・資材調達・製造・販売・出荷物流・代金回収などの業務に分割できる。分割した業務機能を精査することで、どの業務に注力し、何処を外注するかといった経営判断がしやすくなる。最近では、バリューチェーンは企業内の活動に限らず、一つの企業の枠を超えた広い枠組みについても使われている。

第 4 章 国連主導の CSR － SDGs

(例 1)

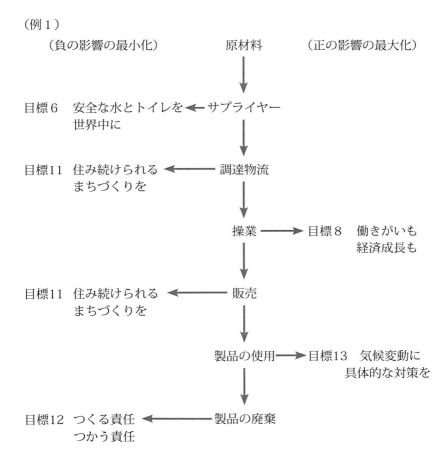

● サプライヤー…(目標 6 安全な水とトイレを世界中に)各企業は、サプライヤーと連携して水資源の不足している地域において水使用量を削減することにより自社のサプライチェーンにおける SDGs の目標 6 への負の影響を制御することを優先課題として特定する。
● 調達物流…(目標 11 住み続けられるまちづくりを)各企業は、自社ドライバーの交通安全を改善することにより、調達物流において SDGs の目標 11 への負の影響を制御することを優先課題として特定する。
● 操業…(目標 8 働きがいも経済成長も)世界中の事業所におけるすべて

の従業員に生活賃金を支給することにより、その事業におけるSDGsの目標8への正の影響を強化することを優先課題として特定する。
● 販売…（目標11 住み続けられるまちづくりを）各企業は、自社ドライバーの交通安全を改善することにより、調達物流においてSDGsの目標11への負の影響を制御することを優先課題として特定する。
● 製品の使用…（目標13 気候変動に具体的な対策を）各企業は、消費者がエネルギー消費を減少させ、関連の温室効果ガス排出量を削減できるような自社製品を開発・提供することにより、SDGsの目標13への正の影響を強化することを優先課題として特定する。
● 製品の廃棄…（目標12 つくる責任つかう責任）各企業は、自社製品の再利用可能性や再生利用可能性を向上させることにより、自社製品の廃棄時におけるSDGsの目標12への負の影響を抑制することを優先課題として特定する。

さらに組織に持続可能性を組み込む次の例を挙げている。
（例2）

2017年度経営課題

KPI（重要経営指標）：SDGsの目標12に貢献
▶製品中の有害化学物質（＊）を段階的に縮小し、2020年までに全廃する ▶2017年度までに全ての有害化学物質を洗い出し可能な所から使用を停止し、代替物質を発掘 （＊）有害化学物質とは、内外の専門家の意見により指定したもので、法律で禁止されていない物を含む

↓　　権限委任項目　　↓

部門管理課題	部門管理課題
研究開発部門	サプライチェーン管理部門
製品に使われていることが明らかになった有害化学物質の代替物質を2016年度までに発掘	仕入れた製品・部品に使われている有害化学物質を全て洗い出し、可能なものに関しては2017年度までに禁止

↓　　　　　　　　　↓

	権限委任項目	
個別のターゲット		個別のターゲット
研究開発技術者		部品仕入れ担当者
担当する製品・部品に使用されていることが明らかになった有害化学物質について、2016年までに代替物質を発掘		全ての仕入れ口座について2017年度までに有害化学物質に関する仕入れ方針を徹底

　SDGコンパスは、企業がSDGsを経営戦略と整合させ、SDGsへの貢献を測定し管理していく5つのステップを提供している。
1．SDGsを理解する
2．優先課題を決定する
3．目標を設定する
4．経営へ統合する
5．報告とコミュニケーションを行う

第6節　SDGsの環境分野はISO14001の環境側面として使える

　すでに述べたが、日本で最も使われているマネジメントシステムはISO14001であるが、このシステムの肝は環境側面（環境に害を与える原因）を決定して、除去することであり、有益な環境側面（環境に有益な原因）を決定して、さらに伸ばすことである。SDGsは環境面と社会面に大別できるが、環境面の目標である、目標3、6、7、9、11、12、13、14、15は環境側面、有益な環境側面として利用できる。前節で述べた例1、例2はそのままISO14001に利用できるのである。ISO14001が日本に入ってきて20年以上たつが、SDGsはISO14001活用ツールとして利用できるのである。SDGコンパスのステップ2～5はISO14001の手法そのものである。ここではSDGsの目標の具体例である169のターゲットも参考までに示す。

2015年9月25日第70回国連総会で採択（国連文書A/70/L.1を外務省で翻訳）
目標1. あらゆる場所のあらゆる形態の貧困を終わらせる。
1.1　2030年までに、現在1日1.25ドル未満で生活する人々と定義され

ている極度の貧困をあらゆる場所で終わらせる。

1.2　2030年までに、各国定義によるあらゆる次元の貧困状態にある、すべての年齢の男性、女性、子どもの割合を半減させる。

1.3　各国において最低限の基準を含む適切な社会保護制度及び対策を実施し、2030年までに貧困層及び脆弱層に対し十分な保護を達成する。

1.4　2030年までに、貧困層及び脆弱層をはじめ、すべての男性及び女性が、基礎的サービスへのアクセス、土地及びその他の形態の財産に対する所有権と管理権限、相続財産、天然資源、適切な新技術、マイクロファイナンスを含む金融サービスに加え、経済的資源についても平等な権利を持つことができるように確保する。

1.5　2030年までに、貧困層や脆弱な状況にある人々の強靭性（レジリエンス）を構築し、気候変動に関連する極端な気象現象やその他の経済、社会、環境的ショックや災害の暴露や脆弱性を軽減する。

1.a　あらゆる次元での貧困を終わらせるための計画や政策を実施するべく、後発開発途上国をはじめとする開発途上国に対して適切かつ予測可能な手段を講じるため、開発協力の強化などを通じて、さまざまな供給源からの相当量の資源の動員を確保する。

1.b　貧困撲滅のための行動への投資拡大を支援するため、国、地域及び国際レベルで、貧困層やジェンダーに配慮した開発戦略に基づいた適正な政策的枠組みを構築する。

目標2. 飢餓を終わらせ、食料安全保障及び栄養改善を実現し、持続可能な農業を促進する。

2.1　2030年までに、飢餓を撲滅し、すべての人々、特に貧困層及び幼児を含む脆弱な立場にある人々が一年中安全かつ栄養のある食料を十分得られるようにする。

2.2　5歳未満の子どもの発育阻害や消耗性疾患について国際的に合意されたターゲットを2025年までに達成するなど、2030年までにあらゆる形態の栄養不良を解消し、若年女子、妊婦・授乳婦及び高齢者の栄養ニーズへの対処を行う。

2.3　2030年までに、土地、その他の生産資源や、投入財、知識、金融サービス、市場及び高付加価値化や非農業雇用の機会への確実かつ平等なアクセスの確保などを通じて、女性、先住民、家族農家、牧畜民及び漁業者をはじめとする小規模食料生産者の農業生産性及び所得を倍増させる。

2.4　2030年までに、生産性を向上させ、生産量を増やし、生態系を維持し、

気候変動や極端な気象現象、干ばつ、洪水及びその他の災害に対する適応能力を向上させ、漸進的に土地と土壌の質を改善させるような、持続可能な食料生産システムを確保し、強靭（レジリエント）な農業を実践する。
2.5 2020年までに、国、地域及び国際レベルで適正に管理及び多様化された種子・植物バンクなども通じて、種子、栽培植物、飼育・家畜化された動物及びこれらの近縁野生種の遺伝的多様性を維持し、国際的合意に基づき、遺伝資源及びこれに関連する伝統的な知識へのアクセス及びその利用から生じる利益の公正かつ衡平な配分を促進する。
2.a 開発途上国、特に後発開発途上国における農業生産能力向上のために、国際協力の強化などを通じて、農村インフラ、農業研究・普及サービス、技術開発及び植物・家畜のジーン・バンクへの投資の拡大を図る。
2.b ドーハ開発ラウンドの決議に従い、すべての形態の農産物輸出補助金及び同等の効果を持つすべての輸出措置の並行的撤廃などを通じて、世界の農産物市場における貿易制限や歪みを是正及び防止する。
2.c 食料価格の極端な変動に歯止めをかけるため、食料市場及びデリバティブ市場の適正な機能を確保するための措置を講じ、食料備蓄などの市場情報への適時のアクセスを容易にする。
目標3. あらゆる年齢のすべての人々の健康的な生活を確保し、福祉を促進する。
3.1 2030年までに、世界の妊産婦の死亡率を出生10万人当たり70人未満に削減する。
3.2 すべての国が新生児死亡率を少なくとも出生1,000件中12件以下まで減らし、5歳以下死亡率を少なくとも出生1,000件中25件以下まで減らすことを目指し、2030年までに、新生児及び5歳未満児の予防可能な死亡を根絶する。
3.3 2030年までに、エイズ、結核、マラリア及び顧みられない熱帯病といった伝染病を根絶するとともに肝炎、水系感染症及びその他の感染症に対処する。
3.4 2030年までに、非感染性疾患による若年死亡率を、予防や治療を通じて3分の1減少させ、精神保健及び福祉を促進する。
3.5 薬物乱用やアルコールの有害な摂取を含む、物質乱用の防止・治療を強化する。
3.6 2020年までに、世界の道路交通事故による死傷者を半減させる。
3.7 2030年までに、家族計画、情報・教育及び性と生殖に関する健康の

国家戦略・計画への組み入れを含む、性と生殖に関する保健サービスをすべての人々が利用できるようにする。

3.8　すべての人々に対する財政リスクからの保護、質の高い基礎的な保健サービスへのアクセス及び安全で効果的かつ質が高く安価な必須医薬品とワクチンへのアクセスを含む、ユニバーサル・ヘルス・カバレッジ（UHC）を達成する。（UHCとはすべての人が、適切な健康増進、予防、治療、機能回復に関するサービスを支払い可能な費用で受けられること）

3.9　2030年までに、有害化学物質、ならびに大気、水質及び土壌の汚染による死亡及び疾病の件数を大幅に減少させる。

3.a　すべての国々において、たばこの規制に関する世界保健機関枠組条約の実施を適宜強化する。

3.b　主に開発途上国に影響を及ぼす感染性及び非感染性疾患のワクチン及び医薬品の研究開発を支援する。また、知的所有権の貿易関連の側面に関する協定（TRIPS協定）及び公衆の健康に関するドーハ宣言に従い、安価な必須医薬品及びワクチンへのアクセスを提供する。同宣言は公衆衛生保護及び、特にすべての人々への医薬品のアクセス提供にかかわる「知的所有権の貿易関連の側面に関する協定（TRIPS協定）」の柔軟性に関する規定を最大限に行使する開発途上国の権利を確約したものである。

3.c　開発途上国、特に後発開発途上国及び小島嶼開発途上国において保健財政及び保健人材の採用、能力開発・訓練及び定着を大幅に拡大させる。

3.d　すべての国々、特に開発途上国の国家・世界規模な健康危険因子の早期警告、危険因子緩和及び危険因子管理のための能力を強化する。

目標4．すべての人に包摂的かつ公正な質の高い教育を確保し、生涯学習の機会を促進する。

4.1　2030年までに、すべての子どもが男女の区別なく、適切かつ効果的な学習成果をもたらす、無償かつ公正で質の高い初等教育及び中等教育を修了できるようにする。

4.2　2030年までに、すべての子どもが男女の区別なく、質の高い乳幼児の発達・ケア及び就学前教育にアクセスすることにより、初等教育を受ける準備が整うようにする。

4.3　2030年までに、すべての人々が男女の区別なく、手の届く質の高い技術教育・職業教育及び大学を含む高等教育への平等なアクセスを得られるようにする。

4.4　2030年までに、技術的・職業的スキルなど、雇用、働きがいのある

人間らしい仕事及び起業に必要な技能を備えた若者と成人の割合を大幅に増加させる。

4.5　2030年までに、教育におけるジェンダー格差を無くし、障害者、先住民及び脆弱な立場にある子どもなど、脆弱層があらゆるレベルの教育や職業訓練に平等にアクセスできるようにする。

4.6　2030年までに、すべての若者及び大多数（男女ともに）の成人が、読み書き能力及び基本的計算能力を身に付けられるようにする。

4.7　2030年までに、持続可能な開発のための教育及び持続可能なライフスタイル、人権、男女の平等、平和及び非暴力的文化の推進、グローバル・シチズンシップ、文化多様性と文化の持続可能な開発への貢献の理解の教育を通して、全ての学習者が、持続可能な開発を促進するために必要な知識及び技能を習得できるようにする。

4.a　子ども、障害及びジェンダーに配慮した教育施設を構築・改良し、すべての人々に安全で非暴力的、包摂的、効果的な学習環境を提供できるようにする。

4.b　2020年までに、開発途上国、特に後発開発途上国及び小島嶼開発途上国、ならびにアフリカ諸国を対象とした、職業訓練、情報通信技術（ICT）、技術・工学・科学プログラムなど、先進国及びその他の開発途上国における高等教育の奨学金の件数を全世界で大幅に増加させる。

4.c　2030年までに、開発途上国、特に後発開発途上国及び小島嶼開発途上国における教員研修のための国際協力などを通じて、質の高い教員の数を大幅に増加させる。

目標5．ジェンダー平等を達成し、すべての女性及び女児の能力強化を行う。

5.1　あらゆる場所におけるすべての女性及び女児に対するあらゆる形態の差別を撤廃する。

5.2　人身売買や性的、その他の種類の搾取など、すべての女性及び女児に対する、公共・私的空間におけるあらゆる形態の暴力を排除する。

5.3　未成年者の結婚、早期結婚、強制結婚及び女性器切除など、あらゆる有害な慣行を撤廃する。

5.4　公共のサービス、インフラ及び社会保障政策の提供、ならびに各国の状況に応じた世帯・家族内における責任分担を通じて、無報酬の育児・介護や家事労働を認識・評価する。

5.5　政治、経済、公共分野でのあらゆるレベルの意思決定において、完全かつ効果的な女性の参画及び平等なリーダーシップの機会を確保する。

5.6　国際人口・開発会議（ICPD）の行動計画及び北京行動綱領、ならびにこれらの検証会議の成果文書に従い、性と生殖に関する健康及び権利への普遍的アクセスを確保する。
5.a　女性に対し、経済的資源に対する同等の権利、ならびに各国法に従い、オーナーシップ及び土地その他の財産、金融サービス、相続財産、天然資源に対するアクセスを与えるための改革に着手する。
5.b　女性の能力強化促進のため、ICT（Information and Comunication Technology）をはじめとする実現技術の活用を強化する。
5.c　ジェンダー平等の促進、ならびにすべての女性及び女子のあらゆるレベルでの能力強化のための適正な政策及び拘束力のある法規を導入・強化する。

目標6. すべての人々の水と衛生の利用可能性と持続可能な管理を確保する。
6.1　2030年までに、すべての人々の、安全で安価な飲料水の普遍的かつ衡平なアクセスを達成する。
6.2　2030年までに、すべての人々の、適切かつ平等な下水施設・衛生施設へのアクセスを達成し、野外での排泄をなくす。女性及び女児、ならびに脆弱な立場にある人々のニーズに特に注意を払う。
6.3　2030年までに、汚染の減少、投棄の廃絶と有害な化学物・物質の放出の最小化、未処理の排水の割合半減及び再生利用と安全な再利用の世界的規模で大幅に増加させることにより、水質を改善する。
6.4　2030年までに、全セクターにおいて水利用の効率を大幅に改善し、淡水の持続可能な採取及び供給を確保し水不足に対処するとともに、水不足に悩む人々の数を大幅に減少させる。
6.5　2030年までに、国境を越えた適切な協力を含む、あらゆるレベルでの統合水資源管理を実施する。
6.6　2020年までに、山地、森林、湿地、河川、帯水層、湖沼を含む水に関連する生態系の保護・回復を行う。
6.a　2030年までに、集水、海水淡水化、水の効率的利用、排水処理、リサイクル・再利用技術を含む開発途上国における水と衛生分野での活動と計画を対象とした国際協力と能力構築支援を拡大する。
6.b　水と衛生の管理向上における地域コミュニティの参加を支援・強化する。

目標7. すべての人々の、安価かつ信頼できる持続可能な近代的エネルギーへのアクセスを確保する。

7.1　2030年までに、安価かつ信頼できる現代的エネルギーサービスへの普遍的アクセスを確保する。
7.2　2030年までに、世界のエネルギーミックスにおける再生可能エネルギーの割合を大幅に拡大させる。
7.3　2030年までに、世界全体のエネルギー効率の改善率を倍増させる。
7.a　2030年までに、再生可能エネルギー、エネルギー効率及び先進的かつ環境負荷の低い化石燃料技術などのクリーンエネルギーの研究及び技術へのアクセスを促進するための国際協力を強化し、エネルギー関連インフラとクリーンエネルギー技術への投資を促進する。
7.b　2030年までに、各々の支援プログラムに沿って開発途上国、特に後発開発途上国及び小島嶼開発途上国、内陸開発途上国のすべての人々に現代的で持続可能なエネルギーサービスを供給できるよう、インフラ拡大と技術向上を行う。

目標8. 包摂的かつ持続可能な経済成長及びすべての人々の完全かつ生産的な雇用と働きがいのある人間らしい雇用(ディーセント・ワーク)を促進する。

8.1　各国の状況に応じて、一人当たり経済成長率を持続させる。特に後発開発途上国は少なくとも年率7%の成長率を保つ。
8.2　高付加価値セクターや労働集約型セクターに重点を置くことなどにより、多様化、技術向上及びイノベーションを通じた高いレベルの経済生産性を達成する。
8.3　生産活動や適切な雇用創出、起業、創造性及びイノベーションを支援する開発重視型の政策を促進するとともに、金融サービスへのアクセス改善などを通じて中小零細企業の設立や成長を奨励する。
8.4　2030年までに、世界の消費と生産における資源効率を漸進的に改善させ、先進国主導の下、持続可能な消費と生産に関する10年計画枠組みに従い、経済成長と環境悪化の分断を図る。
8.5　2030年までに、若者や障害者を含むすべての男性及び女性の、完全かつ生産的な雇用及び働きがいのある人間らしい仕事、ならびに同一労働同一賃金を達成する。
8.6　2020年までに、就労、就学及び職業訓練のいずれも行っていない若者の割合を大幅に減らす。
8.7　強制労働を根絶し、現代の奴隷制、人身売買を終らせるための緊急かつ効果的な措置の実施、最悪な形態の児童労働の禁止及び撲滅を確保する。

2025年までに児童兵士の募集と使用を含むあらゆる形態の児童労働を撲滅する。

8.8　移住労働者、特に女性の移住労働者や不安定な雇用状態にある労働者など、すべての労働者の権利を保護し、安全・安心な労働環境を促進する。

8.9　2030年までに、雇用創出、地方の文化振興・産品販促につながる持続可能な観光業を促進するための政策を立案し実施する。

8.10　国内の金融機関の能力を強化し、すべての人々の銀行取引、保険及び金融サービスへのアクセスを促進・拡大する。

8.a　後発開発途上国への貿易関連技術支援のための拡大統合フレームワーク（EIF）などを通じた支援を含む、開発途上国、特に後発開発途上国に対する貿易のための援助を拡大する。

8.b　2020年までに、若年雇用のための世界的戦略及び国際労働機関（ILO）の仕事に関する世界協定の実施を展開・運用化する。

目標9. 強靱（レジリエント）なインフラ構築、包摂的かつ持続可能な産業化の促進及びイノベーションの推進を図る。

9.1　すべての人々に安価で公平なアクセスに重点を置いた経済発展と人間の福祉を支援するために、地域・越境インフラを含む質の高い、信頼でき、持続可能かつ強靱（レジリエント）なインフラを開発する。

9.2　包摂的かつ持続可能な産業化を促進し、2030年までに各国の状況に応じて雇用及びGDPに占める産業セクターの割合を大幅に増加させる。後発開発途上国については同割合を倍増させる。

9.3　特に開発途上国における小規模の製造業その他の企業の、安価な資金貸付などの金融サービスやバリューチェーン及び市場への統合へのアクセスを拡大する。

9.4　2030年までに、資源利用効率の向上とクリーン技術及び環境に配慮した技術・産業プロセスの導入拡大を通じたインフラ改良や産業改善により、持続可能性を向上させる。すべての国々は各国の能力に応じた取組を行う。

9.5　2030年までにイノベーションを促進させることや100万人当たりの研究開発従事者数を大幅に増加させ、また官民研究開発の支出を拡大させるなど、開発途上国をはじめとするすべての国々の産業セクターにおける科学研究を促進し、技術能力を向上させる。

9.a　アフリカ諸国、後発開発途上国、内陸開発途上国及び小島嶼開発途上国への金融・テクノロジー・技術の支援強化を通じて、開発途上国におけ

る持続可能かつ強靭（レジリエント）なインフラ開発を促進する。
9.b　産業の多様化や商品への付加価値創造などに資する政策環境の確保などを通じて、開発途上国の国内における技術開発、研究及びイノベーションを支援する。
9.c　後発開発途上国において情報通信技術へのアクセスを大幅に向上させ、2020年までに普遍的かつ安価なインターネット・アクセスを提供できるよう図る。

目標10. 各国内及び各国間の不平等を是正する。
10.1　2030年までに、各国の所得下位40%の所得成長率について、国内平均を上回る数値を漸進的に達成し、持続させる。
10.2　2030年までに、年齢、性別、障害、人種、民族、出自、宗教、あるいは経済的地位その他の状況に関わりなく、すべての人々の能力強化及び社会的、経済的及び政治的な包含を促進する。
10.3　差別的な法律、政策及び慣行の撤廃、ならびに適切な関連法規、政策、行動の促進などを通じて、機会均等を確保し、成果の不平等を是正する。
10.4　税制、賃金、社会保障政策をはじめとする政策を導入し、平等の拡大を漸進的に達成する。
10.5　世界金融市場と金融機関に対する規制とモニタリングを改善し、こうした規制の実施を強化する。
10.6　地球規模の国際経済・金融制度の意思決定における開発途上国の参加や発言力を拡大させることにより、より効果的で信用力があり、説明責任のある正当な制度を実現する。
10.7　計画に基づき良く管理された移民政策の実施などを通じて、秩序のとれた、安全で規則的かつ責任ある移住や流動性を促進する。
10.a　世界貿易機関（WTO）協定に従い、開発途上国、特に後発開発途上国に対する特別かつ異なる待遇の原則を実施する。
10.b　各国の国家計画やプログラムに従って、後発開発途上国、アフリカ諸国、小島嶼開発途上国及び内陸開発途上国を始めとする、ニーズが最も大きい国々への、政府開発援助（ODA）及び海外直接投資を含む資金の流入を促進する。
10.c　2030年までに、移住労働者による送金コストを3%未満に引き下げ、コストが5%を越える送金経路を撤廃する。

目標11. 包摂的で安全かつ強靭（レジリエント）で持続可能な都市及び人間居住を実現する。

11.1　2030年までに、すべての人々の、適切、安全かつ安価な住宅及び基本的サービスへのアクセスを確保し、スラムを改善する。
11.2　2030年までに、脆弱な立場にある人々、女性、子ども、障害者及び高齢者のニーズに特に配慮し、公共交通機関の拡大などを通じた交通の安全性改善により、すべての人々に、安全かつ安価で容易に利用できる、持続可能な輸送システムへのアクセスを提供する。
11.3　2030年までに、包摂的かつ持続可能な都市化を促進し、すべての国々の参加型、包摂的かつ持続可能な人間居住計画・管理の能力を強化する。
11.4　世界の文化遺産及び自然遺産の保護・保全の努力を強化する。
11.5　2030年までに、貧困層及び脆弱な立場にある人々の保護に焦点をあてながら、水関連災害などの災害による死者や被災者数を大幅に削減し、世界の国内総生産比で直接的経済損失を大幅に減らす。
11.6　2030年までに、大気の質及び一般並びにその他の廃棄物の管理に特別な注意を払うことによるものを含め、都市の一人当たりの環境上の悪影響を軽減する。
11.7　2030年までに、女性、子ども、高齢者及び障害者を含め、人々に安全で包摂的かつ利用が容易な緑地や公共スペースへの普遍的アクセスを提供する。
11.a　各国・地域規模の開発計画の強化を通じて、経済、社会、環境面における都市部、都市周辺部及び農村部間の良好なつながりを支援する。
11.b　2020年までに、包含、資源効率、気候変動の緩和と適応、災害に対する強靱さ（レジリエンス）を目指す総合的政策及び計画を導入・実施した都市及び人間居住地の件数を大幅に増加させ、仙台防災枠組2015-2030に沿って、あらゆるレベルでの総合的な災害リスク管理の策定と実施を行う。
11.c　財政的及び技術的な支援などを通じて、後発開発途上国における現地の資材を用いた、持続可能かつ強靱（レジリエント）な建造物の整備を支援する。
目標12. 持続可能な生産消費形態を確保する。
12.1　開発途上国の開発状況や能力を勘案しつつ、持続可能な消費と生産に関する10年計画枠組み（10YFP）を実施し、先進国主導の下、すべての国々が対策を講じる。
12.2　2030年までに天然資源の持続可能な管理及び効率的な利用を達成する。
12.3　2030年までに小売・消費レベルにおける世界全体の一人当たりの

食料の廃棄を半減させ、収穫後損失などの生産・サプライチェーンにおける食品ロスを減少させる。

12.4　2020 年までに、合意された国際的な枠組みに従い、製品ライフサイクルを通じ、環境上適正な化学物質やすべての廃棄物の管理を実現し、人の健康や環境への悪影響を最小化するため、化学物質や廃棄物の大気、水、土壌への放出を大幅に削減する。

12.5　2030 年までに、廃棄物の発生防止、削減、再生利用及び再利用により、廃棄物の発生を大幅に削減する。

12.6　特に大企業や多国籍企業などの企業に対し、持続可能な取り組みを導入し、持続可能性に関する情報を定期報告に盛り込むよう奨励する。

12.7　国内の政策や優先事項に従って持続可能な公共調達の慣行を促進する。

12.8　2030 年までに、人々があらゆる場所において、持続可能な開発及び自然と調和したライフスタイルに関する情報と意識を持つようにする。

12.a　開発途上国に対し、より持続可能な消費・生産形態の促進のための科学的・技術的能力の強化を支援する。

12.b　雇用創出、地方の文化振興・産品販促につながる持続可能な観光業に対して持続可能な開発がもたらす影響を測定する手法を開発・導入する。

12.c　開発途上国の特別なニーズや状況を十分考慮し、貧困層やコミュニティを保護する形で開発に関する悪影響を最小限に留めつつ、税制改正や、有害な補助金が存在する場合はその環境への影響を考慮してその段階的廃止などを通じ、各国の状況に応じて、市場のひずみを除去することで、浪費的な消費を奨励する、化石燃料に対する非効率な補助金を合理化する。

目標 13. 気候変動及びその影響を軽減するための緊急対策を講じる。

13.1　すべての国々において、気候関連災害や自然災害に対する強靱性（レジリエンス）及び適応の能力を強化する。

13.2　気候変動対策を国別の政策、戦略及び計画に盛り込む。

13.3　気候変動の緩和、適応、影響軽減及び早期警戒に関する教育、啓発、人的能力及び制度機能を改善する。

13.a　重要な緩和行動の実施とその実施における透明性確保に関する開発途上国のニーズに対応するため、2020 年までにあらゆる供給源から年間 1,000 億ドルを共同で動員するという、UNFCCC の先進締約国によるコミットメントを実施するとともに、可能な限り速やかに資本を投入して緑の気候基金を本格始動させる。

13.b　後発開発途上国及び小島嶼開発途上国において、女性や青年、地方及び社会的に疎外されたコミュニティに焦点を当てることを含め、気候変動関連の効果的な計画策定と管理のための能力を向上するメカニズムを推進する。

＊国連気候変動枠組条約（UNFCCC）が、気候変動への世界的対応について交渉を行う基本的な国際的、政府間対話の場であると認識している。

目標 14. 持続可能な開発のために海洋・海洋資源を保全し、持続可能な形で利用する。

14.1　2025 年までに、海洋ごみや富栄養化を含む、特に陸上活動による汚染など、あらゆる種類の海洋汚染を防止し、大幅に削減する。

14.2　2020 年までに、海洋及び沿岸の生態系に関する重大な悪影響を回避するため、強靱性（レジリエンス）の強化などによる持続的な管理と保護を行い、健全で生産的な海洋を実現するため、海洋及び沿岸の生態系の回復のための取組を行う。

14.3　あらゆるレベルでの科学的協力の促進などを通じて、海洋酸性化の影響を最小限化し、対処する。

14.4　水産資源を、実現可能な最短期間で少なくとも各資源の生物学的特性によって定められる最大持続生産量のレベルまで回復させるため、2020 年までに、漁獲を効果的に規制し、過剰漁業や違法・無報告・無規制（IUU）漁業及び破壊的な漁業慣行を終了し、科学的な管理計画を実施する。

14.5　2020 年までに、国内法及び国際法に則り、最大限入手可能な科学情報に基づいて、少なくとも沿岸域及び海域の 10 パーセントを保全する。

14.6　開発途上国及び後発開発途上国に対する適切かつ効果的な、特別かつ異なる待遇が、世界貿易機関（WTO）漁業補助金交渉の不可分の要素であるべきことを認識した上で、2020 年までに、過剰漁獲能力や過剰漁獲につながる漁業補助金を禁止し、違法・無報告・無規制（IUU）漁業につながる補助金を撤廃し、同様の新たな補助金の導入を抑制する。

14.7　2030 年までに、漁業、水産養殖及び観光の持続可能な管理などを通じ、小島嶼開発途上国及び後発開発途上国の海洋資源の持続的な利用による経済的便益を増大させる。

14.a　海洋の健全性の改善と、開発途上国、特に小島嶼開発途上国及び後発開発途上国の開発における海洋生物多様性の寄与向上のために、海洋技術の移転に関するユネスコ政府間海洋学委員会の基準・ガイドラインを勘案しつつ、科学的知識の増進、研究能力の向上、及び海洋技術の移転を行う。

14.b 小規模・沿岸零細漁業者に対し、海洋資源及び市場へのアクセスを提供する。

14.c 「我々の求める未来」のパラ158において想起されるとおり、海洋及び海洋資源の保全及び持続可能な利用のための法的枠組みを規定する海洋法に関する国際連合条約（UNCLOS）に反映されている国際法を実施することにより、海洋及び海洋資源の保全及び持続可能な利用を強化する。

目標15. 陸域生態系の保護、回復、持続可能な利用の推進、持続可能な森林の経営、砂漠化への対処、ならびに土地の劣化の阻止・回復及び生物多様性の損失を阻止する。

15.1 2020年までに、国際協定の下での義務に則って、森林、湿地、山地及び乾燥地をはじめとする陸域生態系と内陸淡水生態系及びそれらのサービスの保全、回復及び持続可能な利用を確保する。

15.2 2020年までに、あらゆる種類の森林の持続可能な経営の実施を促進し、森林減少を阻止し、劣化した森林を回復し、世界全体で新規植林及び再植林を大幅に増加させる。

15.3 2030年までに、砂漠化に対処し、砂漠化、干ばつ及び洪水の影響を受けた土地などの劣化した土地と土壌を回復し、土地劣化に加担しない世界の達成に尽力する。

15.4 2030年までに持続可能な開発に不可欠な便益をもたらす山地生態系の能力を強化するため、生物多様性を含む山地生態系の保全を確実に行う。

15.5 自然生息地の劣化を抑制し、生物多様性の損失を阻止し、2020年までに絶滅危惧種を保護し、また絶滅防止するための緊急かつ意味のある対策を講じる。

15.6 国際合意に基づき、遺伝資源の利用から生ずる利益の公正かつ衡平な配分を推進するとともに、遺伝資源への適切なアクセスを推進する。

15.7 保護の対象となっている動植物種の密猟及び違法取引を撲滅するための緊急対策を講じるとともに、違法な野生生物製品の需要と供給の両面に対処する。

15.8 2020年までに、外来種の侵入を防止するとともに、これらの種による陸域・海洋生態系への影響を大幅に減少させるための対策を導入し、さらに優先種の駆除または根絶を行う。

15.9 2020年までに、生態系と生物多様性の価値を、国や地方の計画策定、開発プロセス及び貧困削減のための戦略及び会計に組み込む。

15.a 生物多様性と生態系の保全と持続的な利用のために、あらゆる資金

源からの資金の動員及び大幅な増額を行う。

15.b　保全や再植林を含む持続可能な森林経営を推進するため、あらゆるレベルのあらゆる供給源から、持続可能な森林経営のための資金の調達と開発途上国への十分なインセンティブ付与のための相当量の資源を動員する。

15.c　持続的な生計機会を追求するために地域コミュニティの能力向上を図る等、保護種の密猟及び違法な取引に対処するための努力に対する世界的な支援を強化する。

目標16. 持続可能な開発のための平和で包摂的な社会を促進し、すべての人々に司法へのアクセスを提供し、あらゆるレベルにおいて効果的で説明責任のある包摂的な制度を構築する。

16.1　あらゆる場所において、すべての形態の暴力及び暴力に関連する死亡率を大幅に減少させる。

16.2　子どもに対する虐待、搾取、取引及びあらゆる形態の暴力及び拷問を撲滅する。

16.3　国家及び国際的なレベルでの法の支配を促進し、すべての人々に司法への平等なアクセスを提供する。

16.4　2030年までに、違法な資金及び武器の取引を大幅に減少させ、奪われた財産の回復及び返還を強化し、あらゆる形態の組織犯罪を根絶する。

16.5　あらゆる形態の汚職や贈賄を大幅に減少させる。

16.6　あらゆるレベルにおいて、有効で説明責任のある透明性の高い公共機関を発展させる。

16.7　あらゆるレベルにおいて、対応的、包摂的、参加型及び代表的な意思決定を確保する。

16.8　グローバル・ガバナンス機関への開発途上国の参加を拡大・強化する。

16.9　2030年までに、すべての人々に出生登録を含む法的な身分証明を提供する。

16.10　国内法規及び国際協定に従い、情報への公共アクセスを確保し、基本的自由を保障する。

16.a　特に開発途上国において、暴力の防止とテロリズム・犯罪の撲滅に関するあらゆるレベルでの能力構築のため、国際協力などを通じて関連国家機関を強化する。

16.b　持続可能な開発のための非差別的な法規及び政策を推進し、実施する。

目標17. 持続可能な開発のための実施手段を強化し、グローバル・パートナーシップを活性化する。

資金
17.1　課税及び徴税能力の向上のため、開発途上国への国際的な支援なども通じて、国内資源の動員を強化する。
17.2　先進国は、開発途上国に対するODAをGNI（国民総所得）比0.7％に、後発開発途上国に対するODAをGNI比0.15〜0.20％にするという目標を達成するとの多くの国によるコミットメントを含むODAに係るコミットメントを完全に実施する。ODA供与国が、少なくともGNI比0.20％のODAを後発開発途上国に供与するという目標の設定を検討することを奨励する。
17.3　複数の財源から、開発途上国のための追加的資金源を動員する。
17.4　必要に応じた負債による資金調達、債務救済及び債務再編の促進を目的とした協調的な政策により、開発途上国の長期的な債務の持続可能性の実現を支援し、重債務貧困国（HIPC）の対外債務への対応により債務リスクを軽減する。
17.5　後発開発途上国のための投資促進枠組みを導入及び実施する。

技術
17.6　科学技術イノベーション（STI）及びこれらへのアクセスに関する南北協力、南南協力及び地域的・国際的な三角協力を向上させる。また、国連レベルをはじめとする既存のメカニズム間の調整改善や、全世界的な技術促進メカニズムなどを通じて、相互に合意した条件において知識共有を進める。
17.7　開発途上国に対し譲許的・特恵的条件などの相互に合意した有利な条件の下で、環境に配慮した技術の開発、移転、普及及び拡散を促進する。
17.8　2017年までに、後発開発途上国のための技術バンク及び科学技術イノベーション能力構築メカニズムを完全運用させ、情報通信技術（ICT）をはじめとする実現技術の利用を強化する。

能力構築
17.9　すべての持続可能な開発目標を実施するための国家計画を支援するべく、南北協力、南南協力及び三角協力などを通じて、開発途上国における効果的かつ的をしぼった能力構築の実施に対する国際的な支援を強化する。

貿易
17.10　ドーハ・ラウンド（DDA）交渉の結果を含めたWTOの下での普遍的でルールに基づいた、差別的でない、公平な多角的貿易体制を促進する。
17.11　開発途上国による輸出を大幅に増加させ、特に2020年までに世界

の輸出に占める後発開発途上国のシェアを倍増させる。

17.12　後発開発途上国からの輸入に対する特恵的な原産地規則が透明で簡略的かつ市場アクセスの円滑化に寄与するものとなるようにすることを含む世界貿易機関（WTO）の決定に矛盾しない形で、すべての後発開発途上国に対し、永続的な無税・無枠の市場アクセスを適時実施する。

体制面

政策・制度的整合性

17.13　政策協調や政策の首尾一貫性などを通じて、世界的なマクロ経済の安定を促進する。

17.14　持続可能な開発のための政策の一貫性を強化する。

17.15　貧困撲滅と持続可能な開発のための政策の確立・実施にあたっては、各国の政策空間及びリーダーシップを尊重する。

マルチステークホルダー・パートナーシップ

17.16　すべての国々、特に開発途上国での持続可能な開発目標の達成を支援すべく、知識、専門的知見、技術及び資金源を動員、共有するマルチステークホルダー・パートナーシップによって補完しつつ、持続可能な開発のためのグローバル・パートナーシップを強化する。

17.17　さまざまなパートナーシップの経験や資源戦略を基にした、効果的な公的、官民、市民社会のパートナーシップを奨励・推進する。

データ、モニタリング、説明責任

17.18　2020年までに、後発開発途上国及び小島嶼開発途上国を含む開発途上国に対する能力構築支援を強化し、所得、性別、年齢、人種、民族、居住資格、障害、地理的位置及びその他各国事情に関連する特性別の質が高く、タイムリーかつ信頼性のある非集計型データの入手可能性を向上させる。

17.19　2030年までに、持続可能な開発の進捗状況を測るGDP以外の尺度を開発する既存の取組を更に前進させ、開発途上国における統計に関する能力構築を支援する。

第 7 節　グローバル・コンパクト

　1999年の世界経済フォーラム（ダボス会議）の席上でコフィー・アナン国連事務総長（当時）が提唱したイニシアティブが国連グローバル・コンパクトである。企業を中心としたさまざまな団体が、責任ある創造的なリーダーシップを発揮することによって社会の良き一員として行動し、持続可能な成長を実現するための世界的な枠組み作りに自発的に参加することが期待された。2000年7月26日にニューヨークの国連本部で正式に発足し、2004年に腐敗防止に関する原則が追加され、現在の形になった。現在では世界約160カ国13000を超える団体（そのうち企業約8300）が署名し、次に示す「人権」「労働」「環境」「腐敗防止」の4分野・10原則を軸に活動している。日本では248の企業・団体が参加している。

国連グローバル・コンパクト 10 原則	
人権	原則 1：人権擁護の支持と尊重
	原則 2：人権侵害への非加担
労働	原則 3：結社の自由と団体交渉権の承認
	原則 4：強制労働の排除
	原則 5：児童労働の実効的な廃止
	原則 6：雇用と職業の差別撤廃
環境	原則 7：環境問題の予防的アプローチ
	原則 8：環境に対する責任のイニシアティブ
	原則 9：環境にやさしい技術の開発と普及
腐敗防止	原則10：強要や贈収賄を含むあらゆる形態の腐敗防止の取組み

第 8 節　その他の宣言等

●世界人権宣言 (外務省ホームページより)
　1948年12月10日に第3回国連総会にて採択されたのが世界人権宣言である。人権及び自由を確保するために「すべての人民とすべての国とが達成すべき共通の基準」を宣言した。世界人権宣言が採択された12月10日は人権デイとして定められており、毎年世界中で記念行事が開催されている。

条約抜粋

第1条	すべての人間は、生まれながらにして自由であり、かつ、尊厳と権利について平等
第2条	人種、皮膚の色、性、言語、宗教、政治上の意見、社会的出身、財産、門地その他の地位又はこれに類するいかなる事由による差別も受けることなく、すべての権利と自由とを享有することができる。
第3条	すべての人は、生命、自由及び身体の安全に対する権利を有する。
第5条	何人も、拷問又は残虐な、非人道的な若しくは屈辱的な取扱い若しくは刑罰を受けることはない。
第6条	すべての人は、法の下において平等であり、また、いかなる差別もなしに法の平等の保護を受ける権利を有する。
第16条	成年の男女は、人種、国籍又は宗教によるいかなる制限をも受けることなく婚姻し、かつ家庭をつくる権利を有する。婚姻中及びその解消に際し、婚姻に関し平等の権利を有する。
第17条	すべての人は、単独で又は他の者と共同して財産を所有する権利を有する。
第18条	すべての人は、思想、良心及び宗教の自由に対する権利を有する。
第19条	すべての人は、意見及び表現の自由に対する権利を有する。
第20条	すべての人は、平和的集会及び結社の自由に対する権利を有する。
第21条	すべての人は、直接に又は自由に選出された代表者を通じて、自国の政治に参与する権利を有する。
第22条	すべての人は、社会の一員として、社会保障を受ける権利を有する。
第23条	すべての人は、勤労し、職業を自由に選択し、公正かつ有利な勤労条件を確保し、及び失業に対する保護を受ける権利を有する。
第24条	すべての人は、労働時間の合理的な制限及び定期的な有給休暇を含む休息及び余暇をもつ権利を有する。
第26条	すべての人は、教育を受ける権利を有する。
第27条	すべての人は、自由に社会の文化生活に参加し、芸術を鑑賞し、及び科学の進歩とその恩恵とにあずかる権利を有する。

●労働における基本的原則及び権利に関するILO宣言（ILO中核的労働基準とよばれる）（ILOホームページより）
・グローバル化の挑戦に応えるために、1998年6月18日、国際労働機関ILO総会で採択。
・ILOの中核的労働基準(CLS)と呼ばれ、ILO憲章、フィラデルフィア宣言と並ぶILOの最も重要な基本文書の一つ。
・グローバル化は経済成長の一要因であり、経済成長は社会進歩の前提条件であるものの、それだけでは社会進歩を確保するには不十分であるのも事実であり、すべての関係者が自ら創出に寄与した富の公平な分配を要求できるようにするための共通の価値を基盤とした社会的基本原則を伴う必要があるとした。

	ポイント
ILO条約第29号、第105号	あらゆる形態の強制労働の禁止
ILO条約第138号、第182号	児童労働の実効的な廃止
ILO条約第100号、第111号	雇用及び職業における差別の排除
ILO条約第87号、第98号	結社の自由及び団体交渉権の効果的な承認

●環境と開発に関するリオデジャネイロ宣言（地球サミット）（環境省ホームページより）
・環境と開発に関する国際的な原則を確立するための宣言。1992年6月に開催された環境と開発に関する国際連合会議(UNCED)で合意された。
・前文及び27の原則から構成され、持続的な開発に関する人類の権利、自然との調和、現在と将来の世代に公平な開発、グローバルパートナーシップの実現等を規定している。
・各国は国連憲章などの原則に則り、自らの環境及び開発政策により自らの資源を開発する主権的権利を有し、自国の活動が他国の環境汚染をもたらさないように確保する責任を負うことが示された。

	ポイント
1	人類は持続可能な開発の関心の中心に位置
2	自国の資源を開発する権利及び管轄地以外の環境に損害を与えない責任
3	現在及び将来の世代の開発及び環境上の必要性を公平に満たすような開発の権利の行使
4	環境と開発の不可分性
5	貧困の撲滅に向けた国際協力
6	開発途上国の特別な状況及び必要性への特別な優先度の付与
7	グローバルパートナーシップと各国の共通だが差異のある責任
10	情報等への適切なアクセス、司法及び行政手続きへの効果的なアクセス
11	効果的な環境法の制定及びその適用される環境と開発の状況を反映した環境基準等

●腐敗防止に関連する国連条約（国連広報センターホームページより）
・2000年11月に国連総会において採択。
・G8諸国を含む140カ国が署名（日本は2003年12月署名）
・国際的な現象となっている公務員等に係る腐敗行為に対処するため、腐敗行為の防止措置、腐敗行為の犯罪化、国際協力、財産の回復等について定めたもの。

	ポイント
1	腐敗行為の防止のため、公的部門（公務員の採用等に関する制度、公務員の行動規範、公的調達制度等）及び民間部門（会計・監査基準、法人の設立等）において透明性を高める等の措置をとる。また、腐敗行為により不正に得られた犯罪収益の資金洗浄を防止するための措置をとる。
2	自国の公務員、外国公務員及び公的国際機関の職員に係る贈収賄、公務員による財産の横領、犯罪収益の洗浄等の腐敗行為を犯罪とする。
3	腐敗行為に係る犯罪の効果的な捜査・訴追等のため、犯罪人引渡し、捜査共助、司法共助等につき締約国間で国際協力を行う。

4	腐敗行為により不正に得られた犯罪収益の没収のため、締約国間で協力を行い、公的資金の横領等一定の場合には、他の締約国からの要請により自国で没収した財産を当該地の締約国へ返還する。

● 経団連企業行動憲章（経団連ホームページより）

2010年9月14日
（社）日本経済団体連合会

　日本経団連は、かねてより、民主導・自律型の活力ある豊かな経済社会の構築に全力をあげて取り組んできた。そのような社会を実現するためには、企業や個人が高い倫理観をもつとともに、法令遵守を超えた自らの社会的責任を認識し、さまざまな課題の解決に積極的に取り組んでいくことが必要となる。そこで、企業の自主的な取り組みを着実かつ積極的に促すべく、1991年の「企業行動憲章」の制定や、1996年の「実行の手引き」の作成、さらには、経済社会の変化を踏まえて、数次にわたる憲章ならびに実行の手引きの見直しを行ってきた。

　近年、ISO 26000（社会的責任に関する国際規格）に代表されるように、持続可能な社会の発展に向けて、あらゆる組織が自らの社会的責任（SR: Social Responsibility）を認識し、その責任を果たすべきであるとの考え方が国際的に広まっている。とりわけ企業は、所得や雇用の創出など、経済社会の発展になくてはならない存在であるとともに、社会や環境に与える影響が大きいことを認識し、「企業の社会的責任 (CSR: Corporate Social Responsibility)」を率先して果たす必要がある。

　具体的には、企業は、これまで以上に消費者の安全確保や環境に配慮した活動に取り組むなど、株主・投資家、消費者、取引先、従業員、地域社会をはじめとする企業を取り巻く幅広いステークホルダーとの対話を通じて、その期待に応え、信頼を得るよう努めるべきである。また、企業グループとしての取り組みのみならず、サプライチェーン全体に社会的責任を踏まえた行動を促すことが必要である。さらには、人権問題や貧困問題への関心の高まりを受けて、グローバルな視野をもってこれらの課題に対応することが重要である。

　そこで、今般、「企業の社会的責任」を取り巻く最近の状況変化を踏まえ、会員企業の自主的取り組みをさらに推進するため、企業行動憲章を改定した。会員企業は、倫理的側面に十分配慮しつつ、優れた商品・サービスを創出することで、引き続き社会の発展に貢献する。また、企業と社会の発

展が密接に関係していることを再認識したうえで、経済、環境、社会の側面を総合的に捉えて事業活動を展開し、持続可能な社会の創造に資する。そのため、会員企業は、次に定める企業行動憲章の精神を尊重し、自主的に実践していくことを申し合わせる。

企業行動憲章
— 社会の信頼と共感を得るために —
(社) 日本経済団体連合会

1991年9月14日「経団連企業行動憲章」制定
1996年12月17日 同憲章改定
2002年10月15日「企業行動憲章」へ改定
2004年5月18日 同憲章改定
2010年9月14日 同憲章改定

企業は、公正な競争を通じて付加価値を創出し、雇用を生み出すなど経済社会の発展を担うとともに、広く社会にとって有用な存在でなければならない。そのため企業は、次の10原則に基づき、国の内外において、人権を尊重し、関係法令、国際ルールおよびその精神を遵守しつつ、持続可能な社会の創造に向けて、高い倫理観をもって社会的責任を果たしていく。

社会的に有用で安全な商品・サービスを開発、提供し、消費者・顧客の満足と信頼を獲得する。

公正、透明、自由な競争ならびに適正な取引を行う。また、政治、行政との健全かつ正常な関係を保つ。

株主はもとより、広く社会とのコミュニケーションを行い、企業情報を積極的かつ公正に開示する。また、個人情報・顧客情報をはじめとする各種情報の保護・管理を徹底する。

従業員の多様性、人格、個性を尊重するとともに、安全で働きやすい環境を確保し、ゆとりと豊かさを実現する。

環境問題への取り組みは人類共通の課題であり、企業の存在と活動に必須の要件として、主体的に行動する。

「良き企業市民」として、積極的に社会貢献活動を行う。

市民社会の秩序や安全に脅威を与える反社会的勢力および団体とは断固として対決し、関係遮断を徹底する。

事業活動のグローバル化に対応し、各国・地域の法律の遵守、人権を含む各種の国際規範の尊重はもとより、文化や慣習、ステークホルダーの関

心に配慮した経営を行い、当該国・地域の経済社会の発展に貢献する。

　経営トップは、本憲章の精神の実現が自らの役割であることを認識し、率先垂範の上、社内ならびにグループ企業にその徹底を図るとともに、取引先にも促す。また、社内外の声を常時把握し、実効ある社内体制を確立する。

　本憲章に反するような事態が発生したときには、経営トップ自らが問題解決にあたる姿勢を内外に明らかにし、原因究明、再発防止に努める。また、社会への迅速かつ的確な情報の公開と説明責任を遂行し、権限と責任を明確にした上、自らを含めて厳正な処分を行う。

以　上

● 　OECD多国籍企業行動指針（ガイドライン）2000年6月（外務省ホームページより）

　企業は、その事業活動を行う国で確立した政策を十分に考慮に入れ、その他の利害関係者の見解を考慮すべきである。この点に関し、企業は次の行動をとるべきである。

1. 持続可能な開発を達成することを目的として、経済面、社会面及び環境面の発展に貢献する。
2. 受入国政府の国際的義務及び公約に則しつつ、企業の活動によって影響を受ける人々の人権を尊重する。
3. 健全な商慣行の必要性に則しつつ、現地実業界を含めた現地社会との密接な協力及び国内外の市場における当該企業の活動の発展を通じ、現地の能力の開発を奨励する。
4. 人的資本の形成を、特に雇用機会の創出と従業員のための訓練機会の増進によって、奨励する。
5. 環境、健康、安全、労働、課税、財政による奨励又はその他の事項に関する法令又は規制の枠組において意図されていない免除の要求及び受諾を回避する。
6. 良きコーポレート・ガバナンス原則を支持し、また維持し、良きコーポレート・ガバナンスの慣行を発展させ、適用する。
7. 企業と企業の事業活動が行われる社会との間の信用及び相互信頼関係を育成する効果的な自主規制の慣行及び経営制度を発展させ、適用する。
8. 訓練計画を含めた適切な普及方法を通じ、会社の方針について従業員の通暁と遵守を促進する。

9. 法律、行動指針又は企業の方針に違反する慣行について、経営陣又は適当な場合には所管官庁に善意の通報を行った従業員に対して、差別的又は懲戒的な行動をとることは慎む。
10. 実行可能な場合には、納入業者及び下請業者を含む取引先に対し、多国籍企業行動指針と適合する企業行動の原則を適用するよう奨励する。
11. 現地の政治活動においては、いかなるものであれ不適当な関与を差し控える。

●ハーマン・デイリーの持続可能性のための3原則
　アメリカの経済学者ハーマン・デイリー（1938～　）は、1972年に持続可能性のための3原則を打ち出した。デイリーは2014年ブループラネット賞受賞。（ブループラネット賞は旭硝子財団によって1992年に創設された地球環境国際賞、毎年2名が選出され、各人に賞金5千万円が授与される。）
①　土壌、水、森林、魚など「再生可能な資源」の持続可能な利用速度は、再生速度を超えてはいけない。
（たとえば魚の場合、残りの魚が繁殖することで補充できる程度の速度で捕獲すれば持続可能である。）
②　化石燃料、良質鉱石など「再生不可能な資源」の持続可能な利用速度は、再生可能な資源を持続可能なペースで利用することで代用できる程度を超えてはならない。
（たとえば石油では、埋蔵量を使い果した後も同等量の再生可能エネルギーが入手できるよう、石油使用による利益の一部を自動的に太陽熱収集器や植物に投資するのが、持続可能な利用の仕方となる。）
③　「汚染物質」の持続可能な排出速度は、環境がそうした物質を循環し、吸収し、無害化できる速度を超えるものであってはならない。
（たとえば、下水を川や湖に流す場合には、水生生態系が栄養分を吸収できるペースがなければならない。）

●ナチュラル・ステップのシステム条件
　スウェーデンの小児がんの専門医であったカール・ヘンリク・ロベール(1947～　)の提唱によって1989年に発足した国際NGOである。科学者と協働して次にあげる「持続可能な社会の4つのシステム条件」を提唱した。ロベールは2000年ブループラネット賞受賞。
①　生物圏の中で、地殻から掘り出した物質の濃度を増やし続けてはなら

ない。
(再生可能な資源を原料として利用する。リサイクル、ゼロエミッションの実行)

②　生物圏の中で、人間社会が製造した物質の濃度を増やし続けてはならない。
(PCBやフロンのような生分解しにくい人工物は増やしてはならない。)

③　自然の循環と多様性が守られる。
(たとえばアスファルト化、砂漠化、塩化、耕地侵食などの人為的な原因による土地の不毛化をとめる。)

④　人々の基本的なニーズを満たすために、資源が公平かつ効率的に使われる。
(条件①～③を満たすためには、人々は資源を節約し、効率的かつ公平に利用しなければならない。同時に富める国と貧しい国の不公平な資源配分も避けるべきである。)

第 5 章　ＣＳＶ登場

第 1 節　CSV とは何か

　ハーバードビジネススクール教授のマイケル・E・ポーターは、2011年の『Harvard Business Review』誌の 1・2 月合併号に発表した共著論文、「Creating Shared Value」（共通価値の創造）（邦訳の論文名は共通価値の戦略）で CSV のコンセプトについて詳述した。世界には環境問題・住宅問題・健康問題・飢餓・障がい者雇用などさまざまな社会問題がある。共通価値の創造（CSV）とは、ビジネスと社会の関係の中で社会問題に取り組み、社会的価値と経済的価値の両立による共通の価値を創造するという理論である。具体的には、社会的ニーズに応えることや社会が抱える課題解決に取り組むことで社会的価値を生み出し、それが結果として、同時に経済的価値を生み出すことである。この方法は企業の利益を犠牲にするのではなく、利益も大きくするところが肝である。

　そして 2011 年の論文では、CSV は企業利益と社会利益が共に増加することを明確に打ち出し、CSV の実現のためには 3 つの方法がある事を明らかにした。

（1）製品と市場を見直す方法
（例1）低所得で貧しい消費者の役に立つ製品を提供することで、社会的便益が広範にもたらされ企業も膨大な利益にあずかれる。ケニアではボーダフォンのモバイルバンキングサービスが、3 年間で 1 千万人の顧客を獲得した。同サービスの残高はケニアの GDP の 11％に上る。

（2）バリューチェーンの生産性を再定義する方法
（例2）バリューチェーンを改革する方法でエネルギーが節約される。ウォルマートは 2009 年包装を減らすとともに、トラックの配送ルートの見直しによって総計 1 億マイル短縮し、両方の問題に対処した。その結果、納入数量増加にかかわらず 2 億ドルのコスト削減を実現した。

（3）地域社会にクラスターを形成する方法
（例3）このアプローチは次のような認識に立っている。零細農家の収穫量を増やす為に支援の手を伸ばしても、収穫された農産物を買ってくれる

業者、収穫された農産物を加工できる企業、効率的な物流インフラ、投入資源の利用可能性がなければ、便益を永続的に創出できない。ネスレは苗木や肥料、灌漑施設など農業に不可欠な資源への援助、コーヒー豆の品質を向上するために湿式製粉施設の建設援助、地域の農業組合を強化、すべての農家に育成技術を教える教育プログラム支援を実施した。その過程でネスレの生産性・利益も向上した。なお、ネスレはポーターの考えをいち早く取り入れ、『共通価値の創造報告書』を 2008 年より発行している。

日本で具体的に CSV 本部を最初に立ち上げたのは、キリン株式会社である。キリン株式会社は、キリングループがキリンビール・キリンビバレッジ・メルシャンの国内総合飲料事業を統括する会社であり、2013 年に立ち上げられた。当時日本では、もう CSR の時代は終わった、これからは CSV の時代と言われた。

賢明な読者は既に分かっておられると思うが、実はポーターが挙げた 3 つの例は前述の SDGs そのものである。

(例 1) ⇒ SDGs の目標 8. 包摂的かつ持続可能な経済成長及びすべての人々の完全かつ生産的な雇用と働きがいのある人間らしい雇用（ディーセント・ワーク）を促進する。⇒
ターゲットの 8.10 国内の金融機関の能力を強化し、すべての人々の銀行取引、保険及び金融サービスへのアクセスを促進・拡大する。
(例 2) ⇒ SDGs の目標 12. 持続可能な生産消費形態を確保する。⇒
ターゲットの 12.2 2030 年までに天然資源の持続可能な管理及び効率的な利用を達成する。
(例 3) ⇒ SDGs の目標 2. 飢餓を終わらせ、食料安全保障及び栄養改善を実現し、持続可能な農業を促進する。⇒
ターゲットの 2.a 開発途上国、特に後発開発途上国における農業生産能力向上のために、国際協力の強化などを通じて、農村インフラ、農業研究・普及サービス、技術開発及び植物・家畜のジーン・バンクへの投資の拡大を図る。
(例 3) ⇒ SDGs の目標 4. すべての人に包摂的かつ公正な質の高い教育を確保し、生涯学習の機会を促進する。⇒
ターゲットの 4.4 2030 年までに、技術的・職業的スキルなど、雇用、働きがいのある

人間らしい仕事及び起業に必要な技能を備えた若者と成人の割合を大幅に増加させる。

　つまり、ポーターがいう CSV の方法はピッタリと SDGs の方法と一致するのである。キリンの CSV 本部では、ポーターのいう CSV の３つの方法に対応する目標を次のように立てている。この目標も SDGs の目標でカバーできる。

① 　製品と市場を見直す方法→
●運転による交通事故の多発という社会課題の解決につながる世界初のアルコール分 0.00％ ノンアルコールビールの発売。⇒
SDGs の目標 3. あらゆる年齢のすべての人々の健康的な生活を確保し、福祉を促進する。⇒
ターゲットの 3.5 薬物乱用やアルコールの有害な摂取を含む、物質乱用の防止・治療を強化する。

② 　バリューチェーンの生産性を再定義する方法→
●（資源の有効利用）缶を洗う工程で使用水を減らす「ハイブリッドリンサー」を導入し、使用水を 6 割削減。2L ペットボトルに「NEW ペコローボトル」を採用した。日本初のボトル TO ボトルリサイクルと植物由来ペット原料の組合せで石油原料を 37％ 削減するとともに質量も 40％ 削減。運送費も必然的に削減。⇒
SDGs の目標 12. 持続可能な生産消費形態を確保する。⇒
ターゲットの 12.2 2030 年までに天然資源の持続可能な管理及び効率的な利用を達成する。

③ 　地域社会にクラスターを形成する方法→
●東北の復興支援活動「復興応援キリン絆プロジェクト」で地域の農業・水産業に向けた取り組みを行っていく。⇒
SDGs の目標 15. 陸域生態系の保護、回復、持続可能な利用の推進、持続可能な森林の経営、砂漠化への対処、ならびに土地の劣化の阻止・回復及び生物多様性の損失を阻止する。⇒

ターゲットの 15.1 2020 年までに、国際協定の下での義務に則って、森林、湿地、山地及び乾燥地をはじめとする陸域生態系と内陸淡水生態系及びそれらのサービスの保全、回復及び持続可能な利用を確保する。

　このように CSV と SDGs の親和性は非常に高いのである。その理由は、SDG コンパスが SDGs を企業の経営戦略と整合させるために 5 つのステップを提供したことからも分かるように、SDGs は企業の経営戦略に乗せやすく、ポーターの CSV は真に企業の経営戦略そのものだからである。

第 2 節　ポーターの立ち位置
　ヘンリー・ミンツバーグ等は『戦略サファリ』(1999 年、東洋経済新報社) の中で経営戦略論を 10 の学派に別け、ポーターを「ポジショニング学派」としている。ポーターのポジショニングとは次の①②である。
　①儲けられる市場を選ぶ。
　②競合に対して儲かる位置取りをする。
　ポーターの志向がポジショニングであることから、彼にとっては企業の社会的責任も企業がより良いポジショニングを得る手段であることは当然のことであろう。
　では何故ポーターは（経営）戦略的 CSR の進化系として議論を進めず、CSV という新たなネーミングを用いたのであろうか。2 つの要因が考えられる。アメリカは、ISO26000（つまりは CSR（SR に含まれる））の ISO 化に最後まで反対した国である。ISO では最終的に FDIS（final draft international standard）での投票が行われ、IS（international standard：国際規格）となる。2010 年 7 月 12 日の投票において 82 か国が投票した。賛成 66 か国、反対 5 か国、棄権 11 か国のうち、反対した 5 か国は、アメリカ・インド・トルコ・ルクセンブルク・キューバである。最後まで反対を貫いた唯一の先進国がアメリカである。
①　したがってアメリカの名門 MBA 教授としては、アメリカが CSR の ISO 化に反対している以上、アメリカの経営層が賛成できる CSR に代わるネーミングを用いることが必要であった。アメリカは、企業の

自由を最重要視する。したがって企業の社会的責任（CSR）まで規定されることは、企業の自由を束縛するもの以外の何物でもなく、反対するのは当然の事である。
② しかしCSRのISOガイドライン（ISO26000）が出た以上、いくら戦略的と前に形容詞をつけても国際的にはCSRに関するISOガイドラインと競合すような議論はできない。

そこでポーターは「企業はCSRのステップを経ることでCSVに向かっていく。しかし根本的にCSRとは異なる。（下線筆者）」とCSVとCSRは別物であることを強調するのである。CSRとは異なるネーミングで、CSRの異形でありながらISOの規定にとらわれず、自由に論じることが可能であるCSVというネーミングにより、ポーターは自分のより良いポジションを占めることを試みたと思料される。

2015年にSDGs及びSDGコンパスが発表されるが、これは企業の価値と社会の価値の共通価値を目標化し、企業のより良いポジショニングを得ようとするものであり、ポーターの考えに近いものである。したがってCSVはSDGsを含有する。CSV、SDGsを図示すれば次のように書かれよう。CSVの目標はSDGsの17目標に限られるわけではない。CSRはCSVやSDGsに包含されるわけではない。

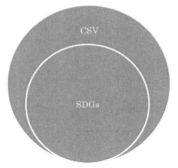

（図表5-2-1）

さらに、ISO26000とCSVの関係は次のようになる。CSVは企業の経営戦略であり、ISOは企業だけではなくすべての組織が対象であり、当然

包含関係はない。しかし、図にはないが CSR は ISO26000 には包含されている。

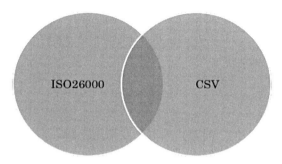

（図表 5-2-2）

第 3 節　日本企業の CSR 基準・報告書名称と形態

　日本の CSR ランキングベスト上位 100 社（2013 年）の報告書を調査したが、ポーターの CSV やその類似形を掲載している会社は 5 社あった。しかし今回の調査から、日本の主要企業が CSR 関連基準として掲載している文書を採用している企業数順に次に示す（図表 5-3-1 参照：複数回答可）。後ろの数字は企業数。① GRI ガイドライン 92 ②日本経団連行動憲章 92 ③ ISO26000 90 ④ ILO 中核的労働基準 73 ⑤国連グローバル・コンパクト 67 ⑥ OECD 多国籍企業ガイドライン 52 ⑦環境省環境報告ガイドライン 12 ⑧世界人権宣言 11。

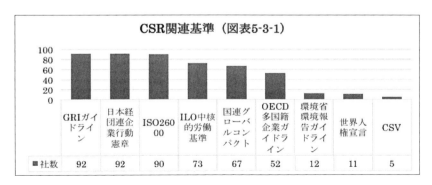

次に順に報告書名を示す（図表5-3-2参照）。後ろの数字は企業数。①CSR報告書40 ②統合報告書（アニュアルレポート、バリューレポートなど）30 ③サステナビリティレポート17 ④社会・環境報告書 7 ⑤環境報告書 3 ⑥環境・社会・CSR報告書 1 ⑥CSR・環境報告 1 ⑦イノベーションレポート 1

今回の報告書調査で明らかになったことは、以下のとおりである。
（1）ポーターのCSVが報告書に反映されている割合は、現在のところ5％程度であり、広く企業に認知されている段階には至っていない。
（2）企業がCSRの基準としている文書のベスト3は、① GRIガイドライン②日本経団連行動憲章③ ISO26000である。企業の統合報告書を除く非財務系報告書の名称はCSR報告書が6割を占める。

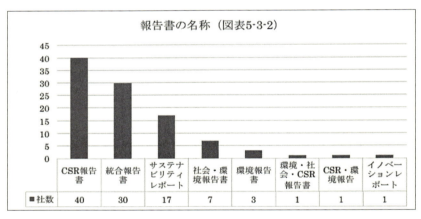

第4節　CSVは新しい理論なのか

「CSVは新しい理論なのか？」この問に対してポーターは明確に「否」と答えている。2012年12月、一橋大学大学院国際企業研究科が主催するポーター賞表彰式のために来日したポーターは、次のように日経記者に答えている。

「第2次大戦後の再建の過程において、当時の日本の企業家の多くは資本主義を通じて国家を再建しようと企業活動を行った。戦後初期の経営者らは国家再建のために企業活動を行っていた。戦後まもなくの食糧不足も政

府だけでなく企業、資本主義、資本家によって解決されていった。ですからビジネスリーダーたちはこういった共通価値の感性をすでに持っていた。」

このようにポーターの CSV 思想の源泉の一つが日本の戦後復興期の企業経営にあることをポーター自身が明らかにしている。

またドラッカーは、『マネジメント』(1973) の中で、社会問題の解決は企業のマネジメントの役割であると明確に述べている。つまりポーターの CSV のコンセプトは新しいものではない。

日本では、企業の報告書として、「環境報告書」→「社会・環境報告書」→「CSR 報告書」→「サステナビリティレポート」という変遷を遂げてきた。図表 5-4-1 に、上場企業の ISO14001 認証取得数割合と上場企業の環境報告書等の発行割合を示すが、明らかに正の相関がある。

日本の CSR 報告書の始まりは環境報告書であり、ISO14001 の普及が、CSR 報告書等の普及を促進させたといえよう。日本の ISO14001 の認証取得数は中国に次ぐ世界第 2 位である。日本では 1960 年代の 4 大公害以降、環境意識が高まった上に、ISO9001 の認証開始において欧州に出遅れたことからの反省で経済産業省の後押しもあり、ISO14001 の認証取得数は 2007 年までは世界第 1 位であった。日本企業では ISO14001 において紙・ごみ・電気の削減を達成し、これらを維持管理項目に移した後の環境目的・目標に、「本来業務に基づく環境問題の解決」を挙げる事が、

ISO14001認証企業の常識となっている。前述したCSVの方法である（1）製品と市場を見直す方法（2）バリューチェーンの生産性を再定義する方法の多くは、「環境保全に対応した商品開発」や「バリューチェーンにおける環境保全」をISO14001の環境目的・目標に挙げることによって実施されるものとして十分に通用するものである。つまりISO14001は環境問題という社会問題の解決と企業の価値（経済価値）を上げる一つの手段と考えてもよい。長年ISO14001の第3者審査の審査員を務めてきた筆者から見て、日本では少なくない企業、特に大企業ではISO14001を通してCSVに近い内容を実践してきている。

しかしフィランソロピー文化が根付いているアメリカでは、環境保全よりも「慈善活動」や「社会貢献（寄附を含む）」が先行する。『The ISO Survey of Certifications 2012』によれば、日本のISO14001認証取得数は27774（世界2位）、アメリカのそれは5699（世界10位）に過ぎない。ちなみに世界1位は中国の91590である。つまりアメリカでは、ISO14001を認証取得するよりもフィランソロピーが優先するのである。この事実からも「慈善活動」と「社会貢献」がアメリカのCSRの根本にあるといえよう。したがってアメリカではCSVが新鮮で新しい理論のように見えるが、日本では旧来の方法の表現の違いにしか映らない。

今日本では、前述したキリン株式会社がCSV本部を立ち上げて以来、「CSRはもう古い」「CSRは終わった、これからはCSVだ」というイメージが一部コンサルタント会社を中心に広がりつつある。これに対して、一般財団法人アジア・太平洋人権センターなどが中心となり、「CSRとCSVに関する原則」が2014年3月13日に出された。これは、「CSVはビジネス上の競争戦略に過ぎず、CSVに取り組む際にもCSRは不可欠であり、社会や環境に及ぼす影響を考慮する必要がある。」としている。これは、CSRをISO26000と見なし、この徹底を図ろうとする欧州的発想である。

この章で議論したようにISO14001に基づき、「本来業務に基づく環境問題の解決」により日本の大企業はCSVを一部実践してきている。したがって、今後の日本の大企業の取りうる道は、①CSRレポートに既にCSR基準として多くの企業が取り入れているISO26000の徹底、及び②

新分野への挑戦ではポーターのCSV理論を使用して、共有価値の創造を目指すことであろう。

第5節　中小企業がとるべきCSVへの道

　中小企業においてはCSR（ISO26000）の全てを実行することは不可能である。そこでポーターの説くCSVの実現方法（1）〜（3）において、中小企業が取り組む分野は、ISO26000の7つの中核主題のうちから選べばよい。最も可能性の高い分野は「6.5 環境」、「6.8 コミュニティへの参画及びコミュニティの発展」であろう。SDGsは中小企業では難しい。

　では特に中小企業ではどのようにポーター理論を具体的に展開すればよいだろうか？中小企業は、「（1）製品と市場を見直す方法」でチャンスを探すのが適当であろう。日本が世界第2位のISO14001大国であることから考えると、「6.5 環境」分野に本来業務をからめていくことが最も取り組みやすいと考えられる。また、中小企業は地域と密着している場合が多いので、「（1）製品と市場を見直す方法」を「6.8 コミュニティへの参画及びコミュニティの発展」に繋げて考えることもできよう。

　現在日本では国策により大学と地域企業を結びつける産学連携が盛んに実施され、ほとんど全ての国立大学に「地域共同センター」が設立されている。産学連携学会も立ち上がり、1000名以上の会員を擁している。ここでは、企業化シーズの探索やベンチャーの支援が行われている。ヒト・モノ・カネの不足する中小企業においてCSVシーズが見つかればその製品化を助ける一つの方策としてこれらのセンターを利用し、大学との共同事業を行うのも1つの方策であろう。

　以上述べてきた中小企業のCSVのシーズとその展開の具体例をいくつか示す。
○茶産地育成事業……伊藤園
○バナナの茎で作った名刺……丸吉日進堂印刷
○オーガニックコットンで作ったタオル……池内タオル
○ミドリ虫を使った健康食品……株式会社ユーグレナ
○CO_2吸収カプセル……サトーグリーンエンジニアリング（東京理科大

学との産学連携）
○養鶏場のアンモニアの肥料化と近隣住民への配布……北坂卵（神戸山手大学との産学連携）
○食品廃棄を減らすスラリーアイス……泉井鐵工所（高知工科大学との産学連携）
○炭工場廃棄煤利用の吸湿剤……出雲土建（島根大学との産学連携）

　以上の考察を箇条書きにしてCSVのまとめとしたい。
（1）　CSVはポーター自身が述べているように新しい理論ではない。
（2）　ポーターの独自性は、CSVの方法を3つに具体化したところにある。
（3）　ポーターと欧州委員会のCSVとCSRの関係のとらえ方は異なる。CSRに関しては、欧州はISO26000であり、ポーターは非ISO26000である。
（4）　日本におけるCSRの基準は企業の報告書を見る限り、ISO26000であり、その他に日本経団連企業行動憲章、GRIガイドラインがある。
（5）　日本のグローバル企業でポーターのCSVを取り入れている企業は今のところ少数であるが、CSVを独自に修正して、「社会的価値創造企業」、「創造価値CSR」、『「経済価値」「社会価値」「人間価値」の統合』などを謳う企業が出現している。
（6）　日本のCSRはISO14001認証取得を梃にして成長してきた側面があり、環境保全がベースになっている。
（7）　日本の中小企業がCSVを目指すとき、日本で最も普及しているCSR基準の1つであるISO26000の「6.5 環境」分野と「（1）製品と市場を見直す方法」をからめるのがISO14001認証取得数世界第2位の日本においては容易であろう。また、「6.8 コミュニティへの参画及びコミュニティの発展」と「（1）製品と市場を見直す方法」を結びつけることなども地域に密着した中小企業には適している。
（8）　中小企業で（7）によるCSVシーズが見つかれば、国策で大学に設置されている「地域共同センター」等を利用するのも一つの手段である。

第6節　SRIとESG投資

　欧米のSRI(Socially Responsible Investment) 社会的責任投資は、100年近い歴史がある。米国のプロテスタント　メソジスト会がアルコール、ギャンブル関連企業を投資対象から外したのがSRIのはじまりである。宗教的投資家は、アルコール、タバコ、ギャンブルや武器に関わる企業を投資対象から外してきた。その後は、米国での市民権拡大運動（黒人・女性を差別する企業には投資しない）や南アフリカのアパルトヘイト反対運動（南アフリカに投資・進出している企業には投資しない）で企業に圧力をかける手段として用いられてきた。その後企業評価は多様化する。1990年代には例えば環境問題に対する取り組みの進んだ企業に積極的に投資するとか、原材料を調達する取引先で児童労働が発覚した企業の株式を売却するといった投資行動に拡大していった。しかし自由営業の国アメリカ、自由投資の国アメリカでは、「SRIは、金銭的収益の最大化を目指す正当な投資とは別世界のもので、自分たちは手を出すべきではない。」という理解が一般投資家には固定していった。

　ここで登場したのが「国連責任投資原則（Principle for Responsible Investment)」である。この国連責任投資原則とは、機関投資家の投資の意志決定プロセスや株式の保有方針の決定に環境（Environment）、社会（Social）、企業統治（Governance）、課題（＝ESG課題）に関する視点を反映させるための考え方を示す原則として、2006年4月に国連が公表した6つの原則である。つまり、投資家として環境、社会、企業統治に関して責任ある投資行動をとることを宣言するものである。6つの原則を次に示す。（下線は筆者）

●国連責任投資原則（Principle for Responsible Investment、PRI）（金融庁ホームページより）

1．私達は、投資分析と意志決定のプロセスに <u>ESG</u> 課題を組み込みます。
2．私達は、活動的な株式所有者になり、株式の所有方針と株式の所有慣習に ESG 課題を組み入れます。
3．私達は、投資対象の主体に対して <u>ESG</u> 課題について適切な開示を求めます。

4．私達は、資産運用業界において本原則が受け入れられ、実行に移されるように働きかけを行います。
5．私達は、本原則を実行する際の効果を高めるために、協働します。
6．私達は、本原則の実行に関する活動状況や進捗状況に関して報告開示します。

　この国連責任投資原則でESG投資という言葉がSRIに代わって市民権を得るのである。国連責任投資原則は拘束力のない規範としてスタートしたが、同原則を受け入れる旨を表明した機関は、上記の第6原則に基づき、国連投資責任原則の遵守状況に関する開示と報告が求められ、2013年10月からは、実施状況を確認・評価するための制度も導入された。報告開示義務を遵守しなかった場合には、枠組みから除外される。

　2016年10月17日現在、世界で1363の機関投資家等（年金基金、運用会社、関連サービス会社）が国連責任投資原則を受け入れる旨を表明している。世界最大の年金運用機関である日本の厚生労働省所管の年金積立金管理運用独立行政法人（Government Pension Investment Fund, GPIF）も2015年、この国連責任投資原則に署名し、日本では50機関以上が署名している。

　この国連責任投資原則を主導したのは国連グローバル・コンパクトと国連環境計画金融イニシアティブ（UNEP FI）（金融機関のさまざまな業務において、環境及び持続可能性に配慮した望ましい業務のあり方を模索し、これを普及、促進していくことを目的とする機関）が主導し、カルパース（カリフォルニア州公務員の公的年金基金）やハーミーズ（英国を代表する大手機関投資家）などの主要な欧米の公的年金を巻き込んで策定したものである。もともと国連は各国政府をメンバーとする組織で、企業行動に直接影響力を行使する主体ではないとする位置づけであった。しかし世界の環境・社会問題、たとえば世界規模の紛争・気候変動・人権侵害というような問題を解決する上で経済活動、特に企業行動が不可欠であるという認識を行動に移したという事である。換言すれが「世界を変える力は企業の力である。その企業の力を環境・社会に移行さすには、投資家と運用機関

の考えを変えなければならない。」というものである。この実現がようやく2006年に起こったという事である。その後、民間企業の力で環境・社会問題を解決しようとするISO26000（2010年）、CSV（2011年）さらにSDGs・SDGコンパス（2015年）が続くのである。

第7節　日本版スチュワードシップ・コード

　スチュワードシップ（stewardship）は受託者責任と訳される英語である。また、コード（code）は行動規範のことである。つまりスチュワードシップ・コードは「受託者責任を果たすための行動規範」を意味する。なぜ、日本版かというと、英国において英国企業財務報告評議会が、2012年9月に英国企業株式を保有する機関投資家向けに策定した株主行動に関するスチュワードシップ・コード（The UK Stewardship Code）を模範としているからである。

　日本では、2013年6月24日に公表された、アベノミクスの「第三の矢」としての成長戦略「日本再興戦略」の中で、「成長への道筋」に沿った主要施策例として、コーポレートガバナンスを見直し、公的資金等の運用の在り方を検討することが盛り込まれ、そこで機関投資家が、対話を通じて企業の中長期的な成長を促すなど、受託者責任を果たすための原則（日本版スチュワードシップ・コード）について検討し、取りまとめることが閣議決定された。

　これを受け、金融庁に「日本版スチュワードシップ・コードに関する有識者検討会」が設置され、同検討会が2014年2月26日（2017年5月29日改訂）に7つの原則からなる「責任ある機関投資家の諸原則≪日本版スチュワードシップ・コード≫」を策定・公表された。そして、多くの機関投資家がこれに賛同し、各々の行動方針をＨＰなどで表明した。日本版スチュワードシップ・コードは法律ではないので、法的拘束力はない。しかし、同検討会は、同コードの趣旨に賛同しこれを受け入れる用意がある機関投資家に対して、その旨を表明することを求めている。機関投資家が適切にスチュワードシップ責任を果たすことは、経済全体の成長にもつながると考えられる。法律ではないものの、金融庁に置かれた検討会が策

定したものなので、ほとんどの機関投資家が賛同を表明している。その冒頭及び7つの原則を示す。(金融庁ホームページより)

●責任ある機関投資家」の諸原則≪日本版スチュワードシップ・コード≫について

> 本コードにおいて、「スチュワードシップ責任」とは、機関投資家が、投資先企業やその事業環境等に関する深い理解に基づく建設的な「目的を持った対話」(エンゲージメント)などを通じて、当該企業の企業価値の向上や持続的成長を促すことにより、「顧客・受益者」(最終受益者を含む。以下同じ。)の中長期的な投資リターンの拡大を図る責任を意味する。本コードは、機関投資家が、顧客・受益者と投資先企業の双方を視野に入れ、「責任ある機関投資家」として当該スチュワードシップ責任を果たすに当たり有用と考えられる諸原則を定めるものである。本コードに沿って、機関投資家が適切にスチュワードシップ責任を果たすことは、経済全体の成長にもつながるものである。
> 1．機関投資家は、スチュワードシップ責任を果たすための明確な方針を策定し、これを公表すべきである。
> 2．機関投資家は、スチュワードシップ責任を果たす上で管理すべき利益相反について、明確な方針を策定し、これを公表すべきである。
> 3．機関投資家は、投資先企業の持続的成長に向けてスチュワードシップ責任を適切に果たすため、当該企業の状況を的確に把握すべきである。
> 4．機関投資家は、投資先企業との建設的な「目的を持った対話」を通じて、投資先企業と認識の共有を図るとともに、問題の改善に努めるべきである。
> 5．機関投資家は、議決権の行使と行使結果の公表について明確な方針を持つとともに、議決権行使の方針については、単に形式的な判断基準にとどまるのではなく、投資先企業の持続的成長に資するものとなるよう工夫すべきである。
> 6．機関投資家は、議決権の行使も含め、スチュワードシップ責任をどのように果たしているのかについて、原則として、顧客・受益者に対して定期的に報告を行うべきである。

> 7. 機関投資家は、投資先企業の持続的成長に資するよう、投資先企業やその事業環境等に関する深い理解に基づき、当該企業との対話やスチュワードシップ活動に伴う判断を適切に行うための実力を備えるべきである。

ではESG投資とどのように関連するのか？原則3の指針3－3にESG関連用語が出てくる。（下線部分）

> 原則3　機関投資家は、投資先企業の持続的成長に向けてスチュワードシップ責任を適切に果たすため、当該企業の状況を的確に把握すべきである。
>
> 3－3　把握する内容としては、例えば、投資先企業の<u>ガバナンス</u>、企業戦略、業績、資本構造、事業におけるリスク・収益機会（<u>社会・環境問題</u>に関連するものを含む）及びそうしたリスク・収益機会への対応など、非財務面の事項を含むさまざまな事項が想定されるが、特にどのような事項に着目するかについては、機関投資家ごとに運用方針には違いがあり、また、投資先企業ごとに把握すべき事項の重要性も異なることから、機関投資家は、自らのスチュワードシップ責任に照らし、自ら判断を行うべきである。その際、投資先企業の企業価値を毀損するおそれのある事項については、これを早期に把握することができるよう努めるべきである。

つまり、ESGを軽視する投資先企業は、企業価値を毀損するので、その実態を早期に把握して投資をやめるべきである事を示唆している。換言すれば、機関投資家等を通して企業にESGを迫るものが日本版スチュワードシップ・コードであるといえる。

第 8 節　東京証券取引所　コーポレートガバナンス・コード

2015 年 6 月 1 日、東京証券取引所がコーポレートガバナンス・コードを発表した。冒頭には次の文章が書かれている。（JPX 日本取引所グループホームページより）

> ●コーポレートガバナンス・コードについて
> 本コードにおいて、「コーポレートガバナンス」とは、会社が、株主をはじめ顧客・従業員・地域社会等の立場を踏まえた上で、透明・公正かつ迅速・果断な意思決定を行うための仕組みを意味する。本コードは、実効的なコーポレートガバナンスの実現に資する主要な原則を取りまとめたものであり、これらが適切に実践されることは、それぞれの会社において持続的な成長と中長期的な企業価値の向上のための自律的な対応が図られることを通じて、会社、投資家、ひいては経済全体の発展にも寄与することとなるものと考えられる。

この日本版コーポレートガバナンス・コードは、次の 5 つの基本原則からなる。

> 1．株主の権利・平等性の確保
> 2．株主以外のステークホルダーとの適切な協働
> 3．適切な情報開示と透明性の確保
> 4．取締役会等の責務
> 5．株主との対話

ESG に関する記述は基本原則 2 の「考え方」の中にある。（下線部分）

> 上場会社には、株主以外にも重要なステークホルダーが数多く存在する。これらのステークホルダーには、従業員をはじめとする社内の関係者や顧客・取引先・債権者等の社外の関係者、更には、地域社会のように社会の存続・活動の基盤をなす主体が含まれる。上場会社は、自らの持続的な成長と中長期的な企業価値の創出を達成するためには、これらのステークホルダーとの適切な協働が不可欠であることを十分に認識すべきである。また、近時のグローバルな社会・環境問題等に対する関心の高まりを踏まえれば、いわゆる ESG（環境・社会・統治）問題への積極的・能動的な対応をこれらに含めることも考えら

れる。
　上場会社がこれらの認識を踏まえて適切な対応を行うことは、社会・経済全体に利益を及ぼすと共に、その結果として、会社自身にも更に利益がもたらされるという好循環の実現に資するものである。

第9節　スチュワードシップ・コードとコーポレートガバナンス・コードの関係

　スチュワードシップ・コード（機関投資家等の規約）とコーポレートガバナンス・コード（上場企業の規約）は2つでワンセットである。機関投資家はESGの実行を企業に働きかけ、企業もESGを実行することにより、環境・社会問題の解決を行うと同時に企業の経済価値を上げ、企業自身の持続的成長を図る。同時に機関投資家も潤う。本来、経済・環境・社会問題の解決は国家が責任を負うものであろうが、投資家・企業の力もできるだけ利用し、これらの解決を図って、持続的発展を行おうとするものである。

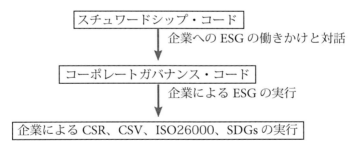

第10節　サステナビリティ経営とESG経営

　現在では、このESG（環境・社会・統治）を重視する経営を、ESG経営という。ESGは投資家によるESG投資から来た用語であるが、つづまるところ上図のようにCSR、CSV、ISO26000、SDGsなどを実行する経営を意味している。サステナビリティ経営は投資家でではなく経営者（会社）側から来た用語であるが結局はCSR、CSV、ISO26000、SDGsを重視する経営である。つまり投資家からの用語と経営者からの用語の相違はあるがESG経営とサステナビリティ経営は同義言と考えてよい。

以上、環境経営からサステナビリティ経営・ESG経営の変遷を見てきたが今後企業はCSR、CSV、ISO26000、SDGs、特にISO26000、SDGsに真剣に取り組まなければグローバルな活躍は困難になることは確実である。

第11節　マテリアルフローコスト会計（MFCA）とは何か

　マテリアルフローコスト会計（Material Flow Cost Accounting、MFCA）は、製造プロセスにおける資源やエネルギーのロスに着目して、そのロスに投入した材料費、加工費、設備償却費などを"負の製品のコスト"として、総合的にコスト評価を行なう原価計算、分析の手法である。MFCAを使って分析、検討されるコストダウン課題は、**省資源**や**省エネ**にもつながる。

　MFCAは、**資源効率**と**経済効率**の両立を図ることを目的とした環境管理会計の手法である。

　製造工程において、廃棄処理、リサイクルされる材料に投入したコストを、明確化し、コスト削減の検討に用いる意味で、原価計算・分析の手法でもある。

　MFCAは、原価計算・分析の手法として、次の3つの特徴を持っている。
1．正の製品コストと負の製品コストに分離、計算する
　　正の製品コスト：次工程に受け渡されたものに投入したコスト
　　負の製品コスト：廃棄物やリサイクルされたものに投入したコスト
2．全工程を通したコスト計算を行う
　　正の製品コストは、次工程では（前工程のコストとして）投入コストに含めて計算する。
3．総合的なコスト計算を行う
　　マテリアルコストMC(Material Cost)（材料費）、エネルギーコスト（電力費、燃料費）、システムコストSC(System Cost)（加工費、労務費、設備償却費、間接労務費など）、廃棄、リサイクルのコストもすべて計算に含める。MFCAの簡単な計算例を次に示す。

(例1）四角いピザ生地を丸く切る場合（材料費は1gを1円とする）

簡易マテリアルバランス表

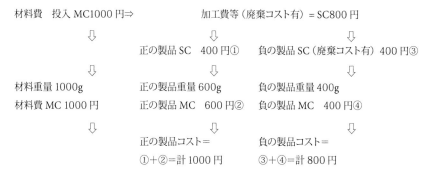

材料費(MC)のロス率＝ 400 ／ 1000 ＝ 0.40

これに対して、

負の製品コストのロス率＝ 800 ／ (1000+800) ≒ 0.44

つまり、材料費のロス率40％を負の製品コストのロス率44％が上回っている。よって、負の製品コストのロス率を材料費のロス率以下にすればよいことがわかる。そのためには廃棄ピザをリサイクル（家畜のえさなど）して有価物にし、負の製品SCを下げればよいことに気付くであろう。つまりMFCAはムダ発見の大きなツールとなるのである。

（例2）新製品のリンゴジャムを製作する場合をMFCAで調査する。
リンゴジャムはリンゴ、砂糖、水、レモン汁から作る。リンゴは皮と芯を取り除く。取り除いた皮と芯は家畜のえさとして業者に売却する。負の製品SCは家畜のえさとした儲けを差し引いた費用。（材料費は1kgを0.5万円（5000円）とする）

簡易マテリアルバランス表（１）

材料費　投入 MC10 万円　⇒　加工費等（廃棄コスト有）= SC6 万円
　　⇩　　　　　　　　　　⇩　　　　　　　　　　⇩
　　　　　　　　　正の製品 SC 4 万円①　　負の製品 SC 2 万円（廃棄コスト有）③
　　　　　　　　　　⇩　　　　　　　　　　⇩
材料重量 20kg　　正の製品重量 15kg　　　負の製品重量 5kg
材料費 MC 10 万円　正の製品 MC 7.5 万円②　負の製品 MC 2.5 万円④
　　　　　　　　　　⇩　　　　　　　　　　⇩
　　　　　　　　　正の製品コスト＝　　　負の製品コスト＝
　　　　　　　　　①＋②＝計 11.5 万円　　③＋④＝計 4.5 万円

　次にリンゴの皮も芯もすべてつぶしてジャムにした時のマテリアルバランス表を作成した。リンゴは全て利用できるとしても、レモンの皮等廃棄物はどうしても出る。

簡易マテリアルバランス表（２）

材料費　投入 MC10 万円　⇒　加工費等（廃棄コスト有）= SC6 万円
　　⇩　　　　　　　　　　⇩　　　　　　　　　　⇩
　　　　　　　　　正の製品 SC 5 万円①　　負の製品 SC 1 万円（廃棄コスト有）③
　　　　　　　　　　⇩　　　　　　　　　　⇩
材料重量 20kg　　正の製品重量 18kg　　　負の製品重量 2kg
材料費 MC 10 万円　正の製品 MC 9 万円②　負の製品 MC 1 万円④
　　　　　　　　　　⇩　　　　　　　　　　⇩
　　　　　　　　　正の製品コスト＝　　　負の製品コスト＝
　　　　　　　　　①＋②＝計 14 万円　　③＋④＝計 2 万円

　以上より、表（１）における全製品コストに占める負の製品コストのロス率は、　4.5／11.5 + 4.5 ≒ 0.28
表（２）における全製品コストに占める負の製品コストのロス率は、
2／14 + 2 = 0.125
　従って、リンゴの皮と芯を取り除いてジャムを作るよりは、リンゴの全てをつぶしてジャムを作る方が製品コスト的には有利であるといえる。しかし、実際は味の違いは考慮されていないので、食品の場合は味に関する調査が不可欠である。

第12節　MFCAは日本主導でISO化＝ISO14051

　MFCAの原型はドイツで開発され、2000年に日本に紹介された。『マテリアル（原材料、資材）のロスを物量とコストで"見える化"する』手法として、マテリアルロス削減の取り組みに効果が大きいと高く評価され、ここ数年、急速に普及を始めている。マテリアルロスの削減は、その使用量・購入量を削減し、原材料費低減に直結するだけでなく、資源効率を高める等の環境負荷低減の取り組みになる。このようにMFCAは、企業に経済効率向上（コストダウン）と環境（資源）効率向上を同時にもたらす。

　日本では経済産業省が主導して日本国内でのMFCAの開発と普及を図ってきたが、MFCAの国際標準化は日本から提案された。その結果2008年に、国際標準化機構（International Organization for Standardization、ISO）の中の環境マネジメントについての技術委員会（Technical Committee）、ISO/TC207の中にMFCAの規格を検討するワーキンググループ・WG8(MFCA)が設立された。MFCAの国際標準規格の検討では、提案国日本の議長：國部克彦氏（神戸大学大学院教授）、幹事：古川芳邦氏（日東電工株式会社）が中心となり、日本が主導してMFCAの国際標準規格化を進め、2011年、ISO14051(MFCA)として国際規格化（ISO化）された。

第6章　環境技術と環境ビジネス

第1節　再生可能エネルギーと新エネルギー

　再生可能エネルギーとは、自然のプロセス由来で絶えず補給される太陽、風力、バイオマス、地熱、水力などから生成されるエネルギーである。再生可能エネルギーは自然エネルギーともいわれる。電気や熱に変えても、二酸化炭素（CO_2）や窒素酸化物（NOx）などの有害物質を排出しない。これに対して、新エネルギーは次に示すように法律で定められている。

●新エネルギー利用等の促進に関する特別措置法施行令
　（1997年（平成九年）六月二十日政令第二百八号、最終改正：2015年（平成二七年）三月一八日政令第七四号）
一　動植物に由来する有機物であってエネルギー源として利用することができるもの（原油、石油ガス、可燃性天然ガス及び石炭並びにこれらから製造される製品を除く。次号及び第六号において「バイオマス」という。）を原材料とする燃料を製造すること。
二　バイオマス又はバイオマスを原材料とする燃料を熱を得ることに利用すること（第六号に掲げるものを除く。）。
三　太陽熱を給湯、暖房、冷房その他の用途に利用すること。
四　冷凍設備を用いて海水、河川水その他の水を熱源とする熱を利用すること。
五　雪又は氷（冷凍機器を用いて生産したものを除く。）を熱源とする熱を冷蔵、冷房その他の用途に利用すること。
六　バイオマス又はバイオマスを原材料とする燃料を発電に利用すること。
七　地熱を発電（アンモニア水、ペンタンその他の大気圧における沸点が百度未満の液体を利用する発電に限る。）に利用すること。
八　風力を発電に利用すること。
九　水力を発電（かんがい、利水、砂防その他の発電以外の用途に供される工作物に設置される出力が千キロワット以下である発電設備を利用す

る発電に限る。）に利用すること。
十　太陽電池を利用して電気を発生させること。

「電気事業者による再生可能エネルギー電気の調達に関する特別措置法」（2011年（平成二十三年）八月三十日法律第百八号　最終改正：2016年（平成二八年）六月三日法律第五九号）によれば、新エネルギーの太陽光・中小水力・風力・地熱・バイオマスによって発電をおこなった場合、電力会社が一定期間・一定価格で買い取ることが義務付けられた。買取価格は毎年下げられ最終的には現状の発電原価の11円程度（火力発電等を含めた平均値）になる予定である。買取期間・買取価格（平成29年度、電力量1kWh当たりの価格を示すが売電価格は装置の電力kWの大きさによって異なる）は次の通りである。

太陽光発電……10kW未満10年間：28円／kWh、
　　　　　　　　10kW以上20年間：21円＋税／kWh
風力発電………全て20年間、20kW未満：55円＋税／kWh、
　　　　　　　　20kW以上陸上風力：21円＋税／kWh、
　　　　　　　　20kW以上海上風力：36円＋税／kWh
中小水力発電…全て20年間、200kW未満：34円＋税／kWh、
　　　　　　　　200kW以上1000kW未満：29円＋税／kWh、
　　　　　　　　1000kW以上5000kW未満：27円＋税／kWh、
　　　　　　　　5000kW以上30000kW未満：20円＋税／kWh
地熱発電………全て15年間：15000kW未満：40円＋税／kWh、
　　　　　　　　15000kW以上：26円＋税／kWh
バイオマス…全て20年間：
・バイオマス由来メタン発酵ガス（下水汚泥、家畜糞尿、食品残渣由来のメタンガス）：39円＋税／kWh
・間伐等由来の木質バイオマス（間伐材、主伐材）：2000kW未満：40円＋税／kWh、2000kW以上：32円＋税／kWh
・一般木材バイオマス（製材端材、輸入材、パーム椰子殻、パームトランク（パーム椰子の幹）、もみ殻、稲わら）：2000kW未満：24円＋税／

kWh、2000kW 以上：21 円＋税／kWh
・建設資材廃棄物（建設資材廃棄物（リサイクル木材）、その他木材）：13 円＋税／kWh
・一般廃棄物・その他廃棄物（剪定材、木くず、紙、食品残渣、廃食用油、黒液（木材パルプを作るときに化学的に分解・分離した際に発生する黒ないし褐色の液体）：17 円＋税／kWh

　これが再生可能エネルギー固定買取制度（Feed-in Tariff, FIT）である。固定価格で買い取られた再生可能エネルギー電気の費用は、再エネ賦課金として消費者から集金される。次式が成立する。
○　電気料金＋再エネ賦課金＝月々の電気料金
　平成29年度の賦課金単価は、1kWh当たり2.64円（標準家庭（一ヶ月の電力使用量が260kWh）で年額8,232円、月額686円で毎年増加していく。10年後には省エネ賦課金は現在の2倍以上になることが予想されている。一般家庭がこれに耐えられるかは不明である。FITは買取期間が過ぎても継続される可能性があるが、買取価格はその時の電力の卸売り価格程度になることが予想され、家庭用太陽光パネルでは売電するよりも充電して自己消費することがメインになろう。つまりこのFITがいつまで制度的に継続するかは未知数と言わざるを得ない。
　新エネルギー発電の買取価格（最も安いもの）と他の発電との値段の比較をグラフ化して示す。

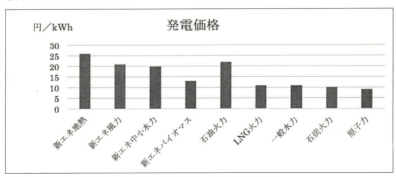

（図表6-1-1）（資源エネルギー庁諸資料により筆者作成）

以下には、最新の日本の電源構成を示す。

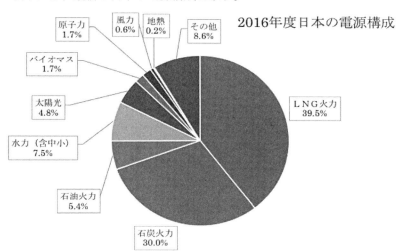

（図表 6-1-2）（資源エネルギー庁諸資料より筆者作成）

第2節　新エネルギー —— 太陽光発電

　シリコン・ガリウム・ヒ素・塩化カドミウムなどから、P型とN型の半導体を作り、PとNを結合する。その接合面に太陽光を当てると、光子が吸収されて、一対の電子と正孔（荷電子帯中の電子の抜けた孔で、正の電荷を持った粒子として取り扱われている。）ができる。電子はN型領域へ、正孔はP型領域へ引き寄せられるためN型領域は負に、P型領域は正に帯電して大きな起電力を生じ、両極の電極を接続すれば電流を取り出すことができる。

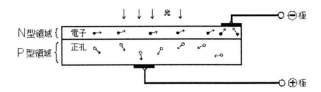

　太陽電池は、その構成単位によって「セル」「モジュール」「アレイ」と呼び方が変わる。

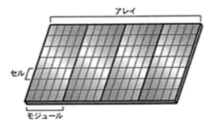

セル
　太陽電池の基本単位で、太陽電池素子そのものをセルと呼ぶ。

モジュール
　セルを必要枚配列して、屋外で利用できるよう樹脂や強化ガラスなどで保護し、パッケージ化したもの。このモジュールは、太陽電池パネルとも呼ぶ。

アレイ
　モジュール（パネル）を複数枚並べて接続したものをアレイと呼ぶ。

　例えば 3.15kW の太陽光発電を設置すると、年間、二酸化炭素 1,239kg の削減効果があり、自宅に 3,470㎡（1,050 坪）の森林を作ったのと同じ効果があり、立派なカーボンオフセット（排出される CO_2 を他の方法で埋め合わせる事）になる。太陽光発電の性能を比較するとき、「モジュール変換効率」という言葉を使う。このモジュール変換効率とは、1㎡当たりどれくらい発電できるかというもので、1,000W（太陽光エネルギー）を 100％とした場合のパーセントになる。例えば、1㎡当たり 150W の電気を作れるとしたら、モジュール変換効率は 15％ということになる。

　太陽光発電パネル（モジュール）の性能を比較する時、メーカーや製品ごとにパネルのサイズが違うので、1㎡当たりの発電量で比較することが重要である。仮に 6 畳（約 10㎡）ほどの広さにモジュール変換効率 15％ のパネルを敷き詰めたとすると、1,500W の電気を発電することができる。システムの容量を表すときに「〇〇 kW システム」という表現をするが、この場合はシステム容量 1.5kW ということになる。この数字は太陽光エネルギーを 100％受けた場合であるので、常にこれだけ発電するわけではなく、条件が最高に良いとき（南向き 30°傾斜で設置、快晴、夏至に近

い正午前後、低温時）にこれだけ発電しますということである。

　太陽は一日中出ているわけではないし、季節によって日射量も異なる。さらに天候も刻々と変化する。実際の発電量は出力×時間（kWh）になるので、日射量を考慮して計算しなければならない。日々の日射量はめまぐるしく変化するが、年間を平均すると大きくはぶれない。平年を100％とした場合にほぼプラスマイナス5％の範囲で収まる。この年平均日射量は地域別に統計があり、システムの容量がわかれば、概ね年間の発電量を予想することができる。

　先の1.5kWシステムを東京の日射量で考えてみると、年間約1,700kWhの電気を作ることができる。一般家庭（オール電化ではない）の年間消費電力が、約4,000kWhと言われているので、システム容量3.5kw（広さにして約14畳）の太陽光発電を導入すれば、年間消費電力を太陽光発電でほぼカバーすることができる計算になる。

　住宅用太陽光発電システムで最も重要な構成機器は、太陽光発電パネル（太陽電池）とパワーコンディショナーの2点である。その他に、売電メーター、接続箱（昇圧回路）、ケーブル、架台、発電モニターなどが必要になるが、主役は太陽光発電パネルとパワーコンディショナーである。

　太陽光発電パネルは、太陽の光を電気に変える役割するが、発電される電気は直流である。家庭で使われている電気は交流なので、直流を交流に変換する必要がある。また、発電した電気は、まず家庭内の消費に回され、余っていたら売電メーターを通じて電力会社へ流す。もし、家庭内の消費が多い場合は、買電メーターを通じて電気を購入する。これらの仕事を一手に行うのがパワーコンディショナーである。パワーコンディショナーはこれらの仕事を全て自動で行うので、まったく操作することはない。

　再生可能エネルギー固定価格買取制度がスタートした2012年に先立つ2009年より、余剰電力買取制度がスタートしていた。家庭用太陽光パネルによる買取価格の変遷を示す。（10kW未満、1kWh当たり）

2009	2010	2011	2012	2013	2014	2015	2016	2017	2018	2019	⇒未定
48	48	42	42	38	37	33	31	28	26	24	⇒11円

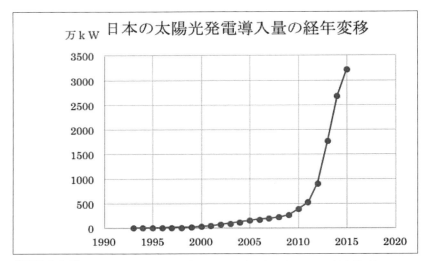

(図表 6-2-1)（電気事業会連合会と資源エネルギー庁のデータより筆者作成）

次に国別太陽光発電累積設置量（2015 年まで）ベスト 10 を示す。日本は現在世界第 3 位である。

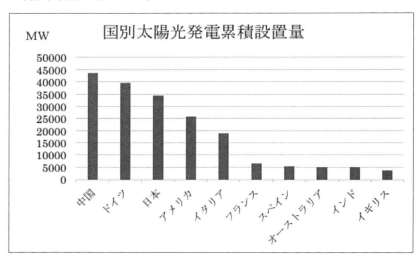

(図表 6-2-2)（各国の公表データより筆者作成）

ドイツが太陽光導入量で世界第2位になった理由は2つある。一つは公的な助成金に基づく電力会社による高い買電価格の設定である。いまひとつは米国などで取られているようなクリーン電力の発電業者に対する減税や免税措置である。ドイツでは、太陽光発電促進のために、2000年から他国に先行して極めて優遇効果の高い、FIT電力買取料金が適用になっている。この制度によると、太陽光発電を導入して電力会社に売電すれば、20年間の固定収入が保証される。この制度を日本は真似たのである。中国もドイツをまねた高い買取価格を設定し、その資金を再エネ賦課金に頼っている。日本・中国・ドイツ共に再エネ賦課金の高騰にどこまで国民が耐える事ができるかに、この制度の存続がかかっている。

▲ビジネスでは⇒

（図表6-2-3）
（WEBフリーフォトより）

農業と発電事業を同時に行うことをソーラーシェアリングという。農林水産省では農地法によってその転用を規制してきたが、2013年に太陽光パネルの支柱を農地に立てて営農と売電を行うソーラーシェアリングを認めた。10kW以上50kW未満の太陽光発電はプチソーラーと呼ばれるがソーラーシェアリングは一般にプチソーラーで設置されている。

第3節　新エネルギー —— 風力発電

「風の力」で風車をまわし、その回転運動を発電機に伝えて「電気」を起こす。風力発電は、風力エネルギーの約40％を電気エネルギーに変換できる比較的効率の良いものである。

日本では、安定した風力（平均風速6m/秒以上）の得られる、北海道・青森・秋田などの海岸部や沖縄の島々などで、440基以上が稼動している。

風力発電を設置するには、その場所までの搬入道路があることや、近くに高圧送電線が通っているなどの条件を満たすことが必要である。

「風の力」で風車をまわし、その回転運動を発電機に伝えて「電気」を起こす。「風力エネルギー」は風を受ける面積と空気の密度と風速の3乗に比例する。風を受ける面積や空気の密度を一定にすると、風速が2倍になると風力エネルギーは8倍になる。風車は風の吹いてくる方向に向きを変え、常に風の力を最大限に受け取れる仕組みになっている。

台風などで風が強すぎるときは、風車が壊れないように可変ピッチが働き、風を受けても風車が回らないようになっている。

風力発電は、風の運動エネルギーの約40％を電気エネルギーに変換できるので効率性にも優れ、また大型になるほど格安になる（規模のメリットが働く）ため、大型化すれば発電のコスト低減も期待できる。

当初、風力発電といえばその施設のほとんどは、電力会社や公的機関による研究用やデモンストレーション用のものであった。しかし、現在では電力会社に対して売電が可能になったことや、設備の低コスト化が進んだため、商業目的での施設が全国各地に増え始め、風力発電の導入量は急激に増加している。

（図表6-3-1）（資源エネルギー庁諸資料より筆者作成）

地域別に見ると、風況に恵まれた北海道、東北、九州地方への設置が大半を占めている。

日本の風力発電導入量は、2016年12月末時点で世界第19位となっ

ている。これは、日本は欧米諸国に比べて平地が少なく地形も複雑なこと、風力発電の設置に適した地域が少ないといった事情がある。また、出力の不安定な風力発電の大規模導入に伴って、それが周波数変動等の電力系統の品質を悪化させる可能性が指摘されており、出力不安定性の克服や系統の強化課題となっている。そして、これらの課題を克服するために、蓄電池を併設する風力発電施設の設置も進められている。

次図に国別の風力発電の容量を示す。

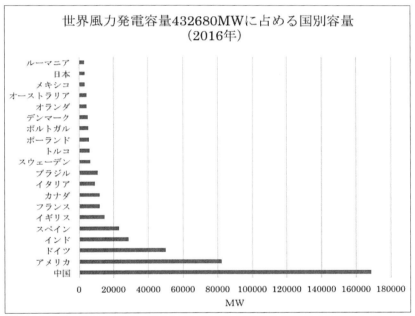

（図表 6-3-2）（"GLOUBAL WIND ENERGY COUCIL 2017" より筆者作成）

世界の風力発電を牽引しているのは、今や中国である。風力発電は2000年前後から米国、ドイツ、スペイン、デンマークがリードしてきた。特にドイツ、スペインは環境政策の一環として再生可能エネルギーに注力、風力発電の建設が急速に増加した。2005年からはそれに加え、イギリス、イタリア、フランス、ポルトガル、スウェーデン、オランダといったEU諸国も追随、またこの頃から経済発展に応じて急速に電力需要が

増加した中国とインドでも導入量が増えている。日本は2004年時は、イギリスに次ぐ世界第8位の風力発電国だったが、その後は新規導入量が停滞。2016年時点では世界第19位にまで後退している。今日、風力発電はEU諸国と北米、そして世界の人口大国である中国、インドが牽引している。また、ブラジル、トルコ、ポーランドなど新興国も積極的に風力発電を伸ばしている。これまで風力発電の中心地域はヨーロッパだったが、2015年に中国がEU28カ国全体の風力発電設備容量を超え、世界のリーダーとなった。

　風力発電と言えば3枚羽のプロペラ型のみを想像しがちだが、下図右のような小型のサボニウム型などもある。下図左は、地図上の風力発電機の印である。

 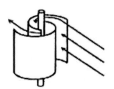

▲ビジネスでは⇒

　中・大型の風力発電の設置には大きな費用と時間が必要になる。そうしたなか注目されているのが「市民風車」の取り組みである。「市民風車」は、一般市民から出資を集めて建設した風力発電所のことでその売電益は毎年出資者に還元されるしくみになっている。2001年9月、北海道浜頓別町にて運転を開始した国内の市民風車第1号「はまかぜ」は、建設費用2億円のうち、約8割が市民からの出資と「NPO法人北海道グリーンファンド」に集まった資金で賄われ大きな注目を集めた。

　風力発電のなかでも、特に売電を目的に中・大型の風車を設置するにあたっては、風況のよい場所を選ぶことが前提になる。その目安は年間平均風速6m/s以上とされているが、そのほかにも、台風や落雷、風の乱流発生度の影響や、地盤の強度などについても事前にしっかり調査しなければ

ならない。また、ブレードやタワーなど大型の装置を運搬できる道路があるかどうか、送電線が近くにきているかなども導入の際に必要となるチェック項目である。さらに、風力発電の適地は自然環境に恵まれているケースが多いことから、景観や生態系への影響の検討も必須となっている。

　また、小型風車ではビル風などが利用できる場合もあり、設置場所の選択は広がっている。小型風力発電機のなかには、太陽光発電のソーラーパネルを搭載したハイブリッド型システムの装置がある。風力発電は風が吹かない時、太陽光発電は曇りや雨の日夜間は発電することができないが、ハイブリッド型はそうした互いの負特性を補い合うことができる効率のよいシステムである。すでに街路灯や防災通信用電源などに採用されているが、今後は、看板照明やショーウィンドウの夜間照明、カーショップ、ガソリンスタンドなど、さらに用途が広がることが期待されている。中・大型風車に比べ、立地や風況などの条件がゆるやかで、メーカーや代理店も多い小型風車は、中小企業や商店、個人宅などで比較的容易に導入することができる。その具体的な用途例としては、独立してエネルギーを得られることから、山小屋や無線中継基地の電源としてや、農場の灌漑ポンプや井戸水汲み上げの駆動動力として使われることが多くなっている。また、都市部においては、非常電源や街灯、公園、個人宅での使用などの用途として設置されており、モニュメントや風力啓発教材用などに利用されることも増えている。

　風力発電の導入に際しては、国や地方自治体のさまざまな助成制度や優遇制度がある。企業などが風力発電を導入する場合の流れは次のようになる。

立地調査
- ●設置候補地の風況データの収集
- ●地理的条件の調査（自然環境・社会条件など）
- ●風車導入規模の想定

風況調査
- ●風況観測
- ●風況特性、エネルギー取得量の評価
- ●経済性の概算検討

システム設計・風車規模や配置の決定（容量、台数など）
- 風車の機種の選定
- 各種環境条件の評価
- 基礎工事、電気工事などの設計
- 経済性の詳細検討（資金調達、助成金など）

導入・設置
- 各種申請手続き
- 設置工事
- 試運転、調整

運転開始
- 電気設備、風車の保守点検

しかし、風力発電は多くの問題を抱えている。巨大風力発電機が計画されている地域では反対運動がおこることもまれではない。現在、風力発電は我が国においては岐路に立たされているといっても過言ではない。

1．産業への影響

日本では山の尾根に風車が建てられる事が少なくない。巨大な風車を運ぶために搬入路の新設、拡張工事により、広大な森が伐採される。普通、搬入路は谷筋から山腹、尾根へと向う。そして、尾根部分に風車が建てられる。そのため、大雨により土砂が谷へと大量に流れ出し、川や海を汚染し、漁業資源の貝、魚、海藻などが打撃を受ける。

2．景観の破壊

巨大な構築物は景観を破壊する。これには主観的イメージが伴うが、風光明媚な山頂に風車が立ち並ぶのを見て、美しい景観と思う人は少ないであろう。観光地では観光業への影響が考えられる。

3．国民への税負担

風力発電は国の推進事業として行われる。建設は約 1/3 が補助金で賄われる。寿命は 17 年しかなく、強風、台風、落雷などで損壊することがしばしばある。撤去には莫大な費用がかかる為、放置されるおそれがある。

4．騒音・低周波音健康被害

今最も問題になっているのがこの騒音・低周波音健康被害である。風車が建設されると、24時間鳴り響くモーター音、風切り音に悩まされることになる。愛媛県伊方町では、風車近隣(200 m以上)に住む人は、騒音、低周波音の影響で眠れない日々を過ごし、多数の人が健康被害を訴えた。愛知県豊橋市の人たちも同じような被害を訴え、「生殺しの状態」と苦しみを表現している。これらは、聴こえる音(騒音)と聴こえにくい音、あるいは聴こえない音(低周波音・超低周波音)が入り混じった音による被害である。症状は、睡眠障害をもとに頭痛、耳鳴り、吐き気、抑うつ、不安、腹・胸部の圧迫感、肩こり、手足の痺れ、動悸、顎の痛み、脱毛、ストレス、脱力感など、自律神経失調症状に似ている。

　ペットの犬や猫にも影響が出ている。犬は、夜中吠え続け、室内を駆け回ったり、壁をかきむしったりする被害も訴えられている。

5．動植物のへの影響

　バードストライクが最もよく知られている。つまり鳥が羽に巻き込まれる犠牲である。愛知県豊橋市では海岸近くに風車があるが、その近くではキスやボラがいなくなってしまった被害も報告されている。その海岸は砂浜で、海がめが産卵期に上陸する場所だったが、それも見られなくなったという。しかし、1 km以上離れた場所ではそのようなことはなく、低周波音は浅い海では海中まで影響を及ぼす可能性が考えられている。

6．強風、落雷、台風による破損の危険

　風力発電機の寿命は約17年であるので、強風によって破損した場合、風向きによっては500 mくらいまで破損物が飛散することがあり得、危険である。

7．水源、水質の汚染

　土砂による水の汚れは、水源に影響を及ぼし、地下水が汚染され、湧き水が安全に飲めなくなるおそれがある。

　風力発電は再生可能エネルギーの中でも発電効率が良く注目されてきたが、以上述べてきたように陸上の設置には制約が多い。そこで新たに注目を集めているのが、洋上風力発電である。

　洋上風力発電には、着床式洋上風力発電と浮体式洋上風力発電がある。

着床式洋上風力発電は、水深20m以内の遠浅の地形を活かした海の上の風力発電である。海上は陸上に比べて風が強く、設置のための輸送制約も少なく、より大型のブレードを用いることも可能なため、発電力の高い風力発電が実現できる。洋上での発電効率は陸上の1.5倍とも言われている。さらに、海上は人間社会からの距離もあるため、社会的な制約も少なくなる。着床式洋上風力発電の分野では、世界の9割以上の設備はEU諸国に偏在している。特にイギリスが牽引しており、イギリスだけで世界の4割以上を占めている。その他、ドイツとデンマークを足した3ヶ国の世界シェアは約80%、着床式洋上風力発電は北海・バルト海で占められている。一方で、他の風力大国であるアメリカ、インド、スペイン、カナダ、フランスなどでは洋上風力は全く進んでいない。

　ヨーロッパで洋上風力が伸びている背景には、遠浅の地形が多いという地理上のメリットがある。イギリスでは数百MWの大規模着床式洋上風力発電プロジェクトが次々と始まっており、風力発電が増加する見込みである。日本もこの洋上風力に力を入れている。すでに、北海道、山形県、茨城県、千葉県、福岡県で、1GW～3GW程度の着床式風力発電所が営業運転されているが、ヨーロッパ諸国と比べると小規模である。

　一方、浮体式洋上風力発電は、最新の手法で、実証研究が行われている。日本の福島沖、ノルウェーやポルトガルの海上で稼働している。浮体式洋上風力発電の特徴は、浮いているということである。風力発電の発電効率をより高くするには、風がより強い沖合へと出て行く必要があるが、沖合は水深が深く、着床式で海底に固定するためには大規模な構造物と工事を要し、非常にコスト高となってしまう。沖合は水圧も強く耐久性も問題となる。そこで考案されたのが、海底に固定させずに洋上に浮かべる浮体式洋上風力発電である。この浮体式洋上風力発電の開発で日本は世界のトップを走っている。着床式洋上風力発電は水深50mを超えるとコストが跳ね上がるため、ヨーロッパと違って遠浅が少ない日本は着床式洋上風力を推進しづらい。そこで、水深50m～200mで実現可能と言われる浮体式洋上風力を用いて、一気に遅れを取り戻そうとしているのである。

第4節 新エネルギー ── バイオマス熱利用・バイオマス発電・バイオマス燃料製造

　バイオマスとは、動・植物などの生物資源の総称で、化石資源と比較すると短いサイクルで自然再生が可能な資源と言うことができる。身の回りにあるバイオマスとしては製材木屑、家畜排泄物、農業残渣、生ゴミなどの廃棄物が主体である。

　バイオマスエネルギーには、木質燃料、バイオガス、バイオエタノール、バイオディーゼルなどさまざまな種類がある。

（1）木質燃料

　製材工場から出る製材廃材、木造家屋を解体した際に発生する建築廃材、林業で発生する林地残材、未利用間伐材などが主なものだが、そのほか農業や造園業から発生する剪定枝や、ダム・河川管理で問題となっている流木なども木質系バイオマスである。乾燥させペレットやチップなどの木質燃料としてバイオマス熱利用するほか、これを燃焼させ蒸気を得て蒸気タービンで発電することもできる。

（2）バイオガス

　生ゴミなどの有機性廃棄物や、家畜の糞尿、下水汚泥などを嫌気性発酵させて得られる可燃性のメタンを主成分とするガス。バイオガスを燃焼してバイオマス熱利用すると、CO_2よりはるかに地球温暖化効果の大きいメタンの大気中への自然放散が減り温暖化防止対策にもなる。メタンをガスエンジンで燃焼させて発電も可能である。発酵処理後に残る消化液は、液肥と呼ばれる有機肥料として農場に還元することができる。

　木質燃料とバイオガスは、バイオマス熱利用とバイオマス発電の両方に利用される。次に汚泥によるバイオマス熱利用とバイオマス発電の具体例を図表6-4-1に示す。

（3）バイオエタノール（バイオマス燃料製造）

　バイオ燃料には、バイオエタノールとバイオディーゼル油（BDF）がある。バイオエタノールは、サトウキビ、トウモロコシ、木質バイオマスなどの植物性資源から発酵させて作るアルコールの一種である。ガソリンに3％ほど混ぜて自動車燃料として使うことができる。公用車を中心に民間

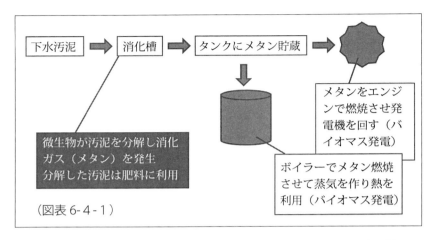

（図表6-4-1）

でも使用されている。また、現在は、サトウキビ等糖質・でんぷん質を原料としているが、近年では、木質系バイオマス等セルロース系の原料からもエタノールが作られている。

　日本では燃料製造のための植物栽培はあまり活発ではなく、大半が生産過程から出てくる廃材や食用に供せない規格外品を利用した燃料製造が主流である。また日本では、トウモロコシを利用した製造は行われていない。バイオエタノールは、植物資源をアルコール発酵させてできるエタノールである。天然ガスや石油などの化石燃料からつくる合成エタノールと区別してこう呼ばれる。植物は、大気中から二酸化炭素CO_2を吸収し光合成を行って成長するため、燃やしてCO_2を排出しても、大気中のCO_2総量は増えない「カーボンニュートラル」とみなされる。京都議定書では、バイオエタノール利用によるCO_2排出は、排出量としてカウントされなかったため、ガソリンに混ぜて自動車用燃料として使用すればCO_2削減につながる。

　2003年（平成15）、安全上の理由から燃料の品質を規定する「揮発油等の品質の確保等に関する法律」が改正され、ガソリンへのアルコール等の混合許容値は「エタノールは混合率3％まで、その他含酸素化合物は含酸素率1.3％まで」と定められた。これにより高濃度アルコール燃料の販売が禁止されることとなり、高濃度アルコール含有燃料販売業者は一挙に

減少した。この法律により日本でのバイオエタノール普及が阻害されたのであった。

　石油政策小委員会（経済産業省）は2006年5月、今後の石油政策のあり方に関する提言を公表した。その中で、2010年度までに原油換算で21万kLのバイオエタノールを導入することや、この時3％であったバイオエタノールの混合率上限を、2020年頃を目途に、10％程度まで引き上げるための対応を自動車産業界に促すとした。これにより政府は、2008年7月に閣議決定した「低炭素社会づくり行動計画」の中で、バイオエタノールの生産と輸送用燃料への利用を図るとした。また、環境省の検討会が2009年2月にまとめた「低炭素社会構築に向けた再生可能エネルギー普及方策について」では、再生可能エネルギー燃料政策について、輸送用バイオ燃料などの普及拡大を地域特性に応じて進めていくことを提言。燃料としてガソリンにバイオエタノールを3％まで混合した現行の「E3」を、同じく10％まで混合した「E10」にするなど、バイオ燃料を高濃度で利用することのできる環境整備を進めていくべきであるとした。

　2012年（平成24）4月1日ようやくエタノール燃料の日本国内での普及を妨げていた「揮発油等の品質の確保等に関する法律」が改正され、とりあえずエタノール混合率10％のE10までの販売がE10対応車両に認められることになった。

　植物資源を原料とするバイオエタノールは、化石燃料のように枯渇する心配がない一方で、食料や飼料として利用できる作物を原料にすると、食とエネルギーの間で資源配分のバランスが崩れ、争奪戦が起きるという問題がある。世界のバイオエタノール生産量は2017年時点で約900億L。1位のアメリカではトウモロコシが主原料で約400億L、2位のブラジルではサトウキビが主原料で300億Lとなっている。バイオエタノールやバイオガソリン、バイオディーゼル（BDF）などのバイオ燃料の普及にあたっては、環境や食料への一層の配慮が求められる。

　日本では、E10車両が全く普及せず、現在バイオエタノールはほとんど普及していない。世界的にも自動車の主流は、後述する電気自動車、水素自動車（燃料電池車）に移りつつあり、バイオエタノールの将来は暗い

と言わざるを得ない。

（4）バイオディーゼル（BDF）（バイオマス燃料製造）

バイオディーゼル（BDF）は、植物油の資源化技術の一つ。製造のしくみが簡単で大規模なプラントを必要としない。軽油に5％ほど混ぜてディーゼル車用燃料として使うことができる（実証試験では5％以上の濃度で使っている例もある）。また、廃食用油を原料とすることができるため、地域の廃食用油回収運動と結びついているという特徴もある。

菜種油・ひまわり油・大豆油・コーン油といった生物由来の油や、各種廃食用油（てんぷら油など）から作られる、軽油代替燃料（ディーゼルエンジン用燃料）を総称して、バイオディーゼルという。BDF（Bio Diesel Fuel）と略されることもある。植物は、大気中から CO_2 を吸収する光合成を行って成長するため、バイオディーゼルはその燃焼によって CO_2 を排出しても、大気中の CO_2 総量が増えない「カーボンニュートラル」である。京都議定書では、植物由来の CO_2 排出は、排出量としてカウントされないことになっている。

ディーゼルエンジンは、エンジンに点火プラグがなく高圧力をかけて、軽油を圧縮して自然爆発させるものであり、燃費が良く耐久性に優れ、炭素数が多い油でもほとんど燃焼させることができる利点がある。ただ、ガソリン（C_8H_{18} が主成分）よりも炭素数が多い軽油（$C_{14}H_{30}$ が主成分）は、不完全燃焼しやすく煤（PM）が発生しやすい。ディーゼルエンジンは特に貨物輸送を担うトラックなどに向いているが、日本国内では、大気汚染の移動発生源として厳しい規制が行われてきた。バイオディーゼルは、従来の軽油に混ぜてディーゼルエンジン用燃料として使用できるため、CO_2 削減の手段として注目されている。バイオディーゼルは大型自動車のバス・トラックに利用される。前述したように自家用車が電気自動車・水素自動車に移行していく中、大型自動車への電気自動車・水素自動車（燃料電池車）への移行はほとんど進んでいない。よってバイオディーゼルはバイオエタノールよりは、より長く生き延びるであろう。

▲ビジネスでは⇒

　日本では、バイオディーゼルの普及に向けて、市民・事業者・行政の協働によるさまざまな取り組みが先行して進められてきた。たとえば、休耕田や転作田で菜の花を栽培して菜種油を生産して食用油として利用し、その廃食用油を回収してバイオディーゼルにして利用する「菜の花プロジェクト」は、1998 年滋賀県東近江市から始まり、2006 年 2 月現在、全国 102 カ所で実施されている。また、京都市では、1997 年の地球温暖化防止京都会議の開催にあたり、全国に先駆けて廃食用油を原料としたバイオディーゼルを約 220 台のごみ収集車全車に導入。2001 年からは市バスへの活用も開始した。2004 年には廃食用油燃料化施設が稼動を開始し、年間約 150 万 L のバイオディーゼルを製造している。また、ディーゼル自動車による大気汚染の撲滅に取り組んでいる東京都では、2007 年から都バスにバイオディーゼルを導入している。

　一方、政府は、2005 年 4 月に閣議決定した「京都議定書目標達成計画」で、輸送用燃料におけるバイオマス由来燃料の利用目標を 50 万 kL（原油換算）とし、2006 年 3 月閣議決定の「バイオマス・ニッポン総合戦略」では、バイオマスの輸送用燃料としての利用に関する戦略を明記した。そして、バイオマス・ニッポン総合戦略推進会議は、2007 年 2 月に公表した「国産バイオ燃料の大幅な生産拡大」の中で、バイオディーゼル燃料については同年度に原油換算で 6 ～ 12 万 kL を生産できるとしている。その原料については、植物油のほか、家庭から排出された廃食用油等も想定されている。

　欧州では、各自動車メーカーが、燃費が良くて耐久性にすぐれたディーゼルエンジン車の技術開発に力を入れており、高い評価を得ている。普及台数も伸びていて、新車登録台数の約 44％にまで達している。バイオ燃料に対する税制優遇措置がとられたドイツでの生産量が最も多い。一方、欧州におけるバイオディーゼルの原料は約 80％が菜種であるため、菜種の価格が上昇することがある。このため、食料や飼料として利用できる資源を原料とすることは、食とエネルギーの間の資源配分の観点から問題になるという意見もある。

2017年ディーゼルエンジンに力を入れてきたヨーロッパの政府にパラダイム変換が勃発した。エンジン車（ガソリン及びディーゼル車）の販売を禁止し、EV（Electric Vehicle）化（電気自動車化）の進行に舵を切ったのである。フランス政府は、2040年までに国内のエンジン車の販売を禁止すると発表したのである。インドはそれに先駆けて2030年までに、ノルウェー、オランダは2025年までにエンジン車の販売を禁止すると発表した。また、自動車生産大国のドイツも、連邦議会で2030年までにエンジン車の販売を禁止すべきという決議を行った。

　米国では、トランプ大統領はパリ協定から離脱を表明しているが、カリフォルニア州をはじめとする12州は、実質的なエンジン車締め出しのZEV（Zero Emission Vehicle）規制の内容を強化して2018年モデルから適用する。12州の販売台数は全米のおよそ30％である。2020年には、そこでは販売台数の4台に1台がEVになる。年間100〜130万台ほどのEVが販売されることになる。ZEV規制に違反すると、エンジン自動車1台の契約につき5000ドルの罰金が科される。

　中国では、米国のZEV規制と同様のNEV（New Energy Vehicle）規制が2018年から実施される。これは実質的なエンジン車の締め出しであり、大気汚染がひどいことを考えれば、当然の措置だろう

　つまり、バイオエタノールもバイオディーゼルも意味がなくなるという事である。前述したバイオエタノールもバイオディーゼルの開発・生産も今後縮小していくであろう。

（5）バイオマス発電

　バイオマス発電は、家畜の糞尿、食品廃棄物、木質廃材などの有機ゴミや木材をチップ・ペレット化したものを直接燃焼し、発生する熱を利用して蒸気でタービンを回す仕組みである。火力発電の燃料（石油・石炭・天然ガス）が有機ゴミに変わったものと考えると分かり易い。

（6）バイオガス発電

　バイオガスの項で述べたが、バイオガス発電は、まず家畜の糞尿、食品廃棄物、下水道・汚水などの有機ゴミを発酵させて可燃性の消化ガス（メタン）を取りだす。そのメタンを燃焼させてガスエンジン発電機を回す仕

組みである。ガスを作った消化液は、雑草種子や病原菌が含まれない安全な肥料として二次利用できる。

バイオマス発電は有機化合物を燃焼させるので必ずCO_2が出るのだが、植物などの有機物は空気中のCO_2を吸収して成長しているが、それを燃焼させてCO_2を空気中に戻すだけなので、結局、CO_2排出量はゼロであるという「カーボンニュートラル」に基づいているのでクリーンエネルギーに分類されているのである。

2013年においてバイオマスを利用できる発電設備の容量は全世界で9300万kW（キロワット）に達した。容量で見ると太陽光発電の半分程度だが、発電量は太陽光を上回る。2014年に全世界のバイオマス発電設備が生み出した電力量は4330億kWh（キロワット時）にのぼり、2013年の3960億kWhと比べて9.3％増加した。設備利用率（容量に対する実際の発電量）は平均で53％になる。

国別では米国が最も多くて、691億kWhの電力をバイオマスで作っている。米国の標準的な家庭の電力使用量（年間1万kWh）に換算して690万世帯分に相当する。総世帯数（1億2000万世帯）の約6％をバイオマスによる電力でカバーできる計算である。次に多いのがドイツ（491億kWh）、中国（416億kWh）、ブラジル（329億kWh）の順で、日本は302（億kWh）で第5位に入る(RENEWABLE GLOBAL STATUS.REPORT 2014より)。

▲ビジネスでは⇒

（株）エフオンでは大分県で、製材などで発生するくず材の調達を行う日本樹木リサイクル協会と提携して、木質チップの提供を受けてこれを燃焼させてバイオマス発電を実施している。くず材のリサイクルであり、発電能力は12MW、使用する燃料は木質チップ年間約12万t、設備利用率は90％を超えている。

グリーン・サーマル（株）は地元の福島県の林業会と共同出資して、（株）グリーン発電会津を設立し、2012年よりバイオマス発電による売電事業を実施している。こちらは枝や葉、根曲がり材、間伐材等の山林未利用材を原料とした木質チップを燃料としている。発電設備は5.7MW、年間総

電量は4000万kWに上る。

このように地方の林業地域ではくず材や未利用材を原料としたバイオマス発電がビジネス化しつつある。

FITが実施されてからの、バイオマス発電の買取電力量の経年変化のグラフを示す。

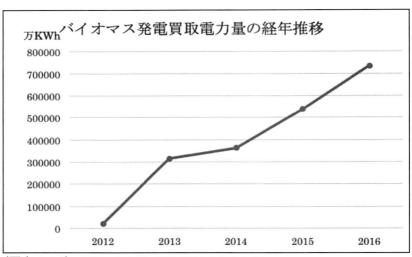

（図表6-4-2）（資源エネルギー庁諸資料より筆者作成）

第5節　新エネルギー —— 中小規模水力発電

　初めて水力発電による電気の明かりが灯ったのは、今から110年以上も昔、明治20年代、その時代に建設された仙台の三居沢発電所や京都の蹴上発電所などは、今も電気を造り続けている。このように水力発電は、長期間にわたり発電可能であるばかりでなく、再生可能・純国産・クリーンな電源でもあり、我々が、子供達の世代に贈る大切な宝物といえる。

　110年以上にわたる水力発電の歴史の中で、果たす役割も時代背景に応じて変化してきた。オイルショック以前は急速に増大する電力需要をみたすために大規模発電を中心に、オイルショック以降は石油に替わる貴重なエネルギーの一環として、また、電力消費のピークに対応するためには揚水発電と、まさに時代の要請として開発されてきた。現在では、大規模

開発に適した地点の建設はほぼ完了し、21世紀は中小規模の発電所の開発が中心となる。中小規模といってもその平均的出力は約4,500kW、この規模の水力発電所は4人家族で約1,500世帯（1世帯当たり30Aとして）もの電気に相当する。我が国は、豊富な水資源に恵まれ、これら中小規模の開発に適した地域はまだまだ残されており、その開発は貴重な国産エネルギーの確保という面から、大きな力を発揮する。

さらに、大いなる自然の恵み"水力"の利用は発電のみに留まらず、水力発電を核に地場産業の創出・活性化に努めている市町村もあり、地域の自立的な発展に役立つ大きな可能性を秘めている。

水力発電は110年以上にわたる土木・電気技術及び環境対策技術に立脚した人と自然に優しいエネルギーといえる。

21世紀の水力開発は、地球環境問題の解決等のさまざまな観点から、まさに時代の要請として行うべきであろう。

水力発電は、落ちてくる水の勢いで水車を回転させて発電する。雨水や雪どけ水を利用するので燃料が不要で、発電するときにCO_2を出さないクリーンな発電方式である。大規模な発電所建設の際に膨大な費用がかかることや、自然破壊などの問題があるが、最近は中小河川や農業用水を利用した小水力発電が注目されている。

落ちてくる水の勢いで水車を回転させて発電する水力発電には、大きく分けて2つのタイプがある。ひとつは、ダムをつくって山間部の川の水を堰き止め、一度川の水を貯蔵して、それを下方の発電所に落として発電させるタイプである。「貯水池式」が有名である。これに対して、ダムを建設することなく、川の流れを堰き止めないで、そのまま発電所に送り込むのが「流れ込み式」である。「流れ込み式」は、自然の姿をあまり変えることなく建設できるのがメリットである。一基あたりの発電電力量は「貯水池式」にくらべて大きくはないが、全国で利用できる未利用地点は約2500カ所と多く、未開発地点を開発すれば、総発電電力量は「貯水池式」よりも多くなると考えられている。中小規模水力発電では、「流れ込み式」がメインとなる。

水力発電は、高いところから落ちる水の力で水車を回し、その回転で電

力を発生させるシステムである。水の量が多く、落差が大きいほど大きな電力が得られる。また、他の電源と比較して短い時間で発電でき、電力需要の変化に素早く対応できるのも大きな特徴である。世界での水力発電電力量は3288TWh（テラワットアワー：Tは10の12乗）で、総発電量の16％強を占める。国別のシェアをみると、中国18％、カナダ12％、ブラジル11％、米国9％、ロシア5％であり、日本はノルウェー・インド・ベネゼーラと並んで3％で第6位となっている（IEA Electricity Information 2010より）。

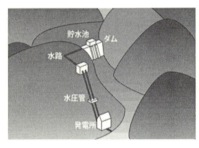 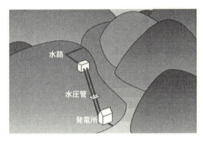

（図表6-5-1）　左：貯水池式　　右：流れ込み式（井上尚之『環境学』より）

中小規模水力発電の事業主体は、地方自治体、土地改良区、NPO、民間、個人などである。中小規模水力発電の設置場所は、基本的に落差と流量のあるところであれば、場所は問わない。設置が可能な場所は次のような所である。
（1）一般河川の山間部……中小規模水力発電に適した場所がたくさんある。河川の環境に配慮しながら、エネルギーの有効利用が可能である。
（2）砂防ダム、治山ダム……これらからの取水、及び落差を、利用すると経済的に設置できる。
（3）農業用水路……これらには落差が大きいが流量は少ない、落差は小さいが流量は多いなど、地点によりそれぞれ異なるが、落差が大きく、流量も豊富な場所も少なくない。数百kW程度の発電が可能な地点もある。
（4）上水道施設……落差が大きいところも多く、小水力発電設備を入れることができる。数百kW程度のポテンシャルを持ったところも少なくな

い。
（5）下水処理施設……一般的に落差が低いため、あまり大きな発電出力は期待できないが、数十kW程度発電できるところもまだまだある。
（6）小ダム……維持放流水を利用して発電することが可能である。
（7）既設発電所……使用した水は河川に放流されるがこの間の落差を利用して発電することが可能。
（8）ビルの循環水、工業用水……ミニ発電が可能である。

▲ビジネスでは⇒

　2011年2月4日から、群馬県伊勢崎市は、同市内の伊勢崎浄化センターの下水処理施設に下水処理水の流れを利用したマイクロ水力発電を稼動させた。同センターに設置される水力発電システムは、下水処理水を広瀬川に排水する際の落差2メートルを使用して発電を行う。1日の発電量は26kW。作られた電力は全て同センターに供給される。

（写真6-5-2）設置前（2mの落差）　　　設置後（写真提供　伊勢崎市）

　太陽光発電や風力発電と比較して中小規模水力発電の長所と短所を示す。
長所
○昼夜、年間を通じて安定した発電が可能。
○設備利用率が50～90％と高く、太陽光発電と比較して5～8倍の電力量発電が可能。
○出力変動が少なく、系統安定、電力品質に影響を与えない。

○未開発の包蔵量がまだまだ沢山ある。
○設置面積が小さい。（太陽光と比較して）
短所
○法的手続きが煩雑で、面倒である（特に河川法。大規模水力計画と同じ手続きが要求される場合がある）。地点毎に法的手続きの難易度が異なる（特に河川法）。たとえば 一級河川からの取水と、普通河川からの取水では、その手続きの難易度には雲泥の差がある。特に河川法の許認可手続きには、多大な費用、時間、労力が掛ることがある。
○農業用水路でも、取水する河川の種別や、既得水利権の種類（許可水利権、または 慣行水利権）で手続きの難易度が異なる。
○同じ新エネルギーでも、中小規模水力発電に関する一般市民の認知度が低い。

FITが実施されてからの、中規模水力発電電力量の経年変化のグラフを示す。

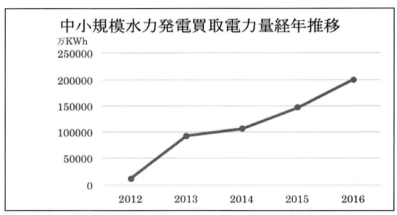

（図表 6-5-3）（資源エネルギー庁諸資料より筆者作成）

第6節　新エネルギー —— 地熱発電

　日本は火山帯に位置するため、地熱利用は戦後早くから注目されていた。本格的な地熱発電所は1966年に運転を開始し、現在では東北や九州を中心に展開。総発電電力量はまだ少ないものの、安定して発電ができる純国

産エネルギーとして注目されている。

現在、新エネルギーとして定義されている地熱発電は「バイナリー方式」のものに限られている。一般に地熱発電は、温度が150℃以上の地下からの蒸気でタービンを回して発電するが、もっと温度の低い蒸気でも発電できるように、蒸気の持っている熱を水よりもっと蒸発しやすい流体（例：ペンタン、沸点36℃）に熱交換させてペンタンの蒸気をつくりタービンを回して発電するように工夫したものが「バイナリー地熱発電」である。水とペンタンの二つの流体を利用することから「バイナリー（二つの）」の言葉が名称に使われている。

次に地熱発電の特徴を示す。

1. 高温蒸気・熱水の再利用……発電に使った高温の蒸気・熱水は、農業用ハウスや魚の養殖、地域の暖房などに再利用ができる。
2. 持続可能な再生可能エネルギー……地下の地熱エネルギーを使うため、化石燃料のように枯渇する心配が無く、長期間にわたる供給が期待される。
3. 昼夜を問わぬ安定した発電……地下に掘削した井戸の深さは1,000～3,000mで、昼夜を問わず坑井から天然の蒸気を噴出させるため、発電も連続して行うことが可能。

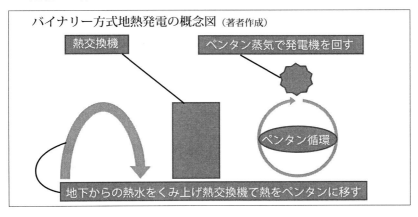

（図表6-6-1）

▲ビジネスでは⇒
　鹿児島県の霧島温泉郷にある同ホテルでは、既存の3本の温泉井を活用して地中70〜300mから地熱蒸気を取り込み、出力220kWのバイナリー方式の地熱発電を行っている。また大分県の地熱発電所のいくつかでは発電に利用された熱水をさまざまな用途に再利用している。北海道の森地熱発電所では、発電後の熱水を地下に戻す際に水道水を温めて近隣のビニールハウスに送り、キュウリやトマトの通年栽培に役立てている。
　岩手県の松川地熱発電所では発電後の熱水を八幡平産業振興（株）に販売している。温水はパイプラインで八幡平温泉郷に送水され、ホテルや旅館で温泉用や給湯用に使用される。また農業組合にも送水され、ビニールハウスの冬期暖房用に使用されている。
　FITが実施されてからの、地熱発電の買取電力量の経年変化のグラフを示す。

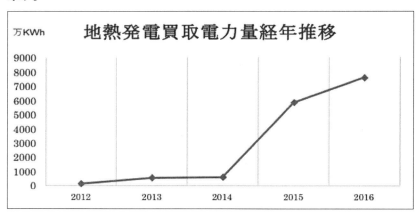

（図表6-6-2）（資源エネルギー庁諸資料より筆者作成）

第7節　新エネルギー ── 太陽熱利用

　人類がもっとも古くから利用してきた太陽エネルギー利用技術のひとつが太陽熱利用である。たとえば日本でも、たらいに水をはり、太陽熱で温まった「日向水（ひなたみず）」を行水などに利用する習慣があった。戦後は太陽熱を集め給湯や暖房等に使用する太陽集熱器の開発が進み、一般家庭でも積極的

に利用されるようになった。

そして現在、自然エネルギーに対する注目の高まりを背景に、太陽熱利用技術の開発が世界的に進められている。アメリカやオーストラリア、中東、アフリカ北部などの砂漠地域では、太陽熱発電のプラントも建設されている、日本ではより身近に利用できる太陽熱温水器の改良が進んでいる。

太陽の熱エネルギーを給湯や冷暖房に利用する太陽熱温水器は、日本では石油危機後の 1980 年代には研究開発が盛んに実施され、自然循環型・強制循環型等のソーラーシステムが多く開発された。しかし、その後の円高、原油価格の安定化等を背景として、年々導入量が減少し、現在では最盛期の約 1/2 となっている。

今、太陽熱温水器が再び注目されている理由は、太陽熱利用機器は太陽光発電等と比較してエネルギー変換効率が高いという点にある。太陽の光を半導体によって電力に変える太陽光発電では、太陽エネルギーの 10％程度しか利用していない。しかし、太陽光を熱に変える方式では 40％以上のエネルギー利用が可能である。設置費用も比較的安価なため費用対効果の面でも有効な技術である。

太陽熱温水器で集められた熱エネルギーを利用するシステムとしては、その他に下記のようなシステムがある。

1) 給湯利用

　入浴や炊事など、一般的な給湯に利用する場合は、年間を通して 50℃〜 60℃の温度が求められる。使用温度が比較的低温であることから集熱効率が高く、太陽熱利用に最も適している。但し、曇天日等で太陽熱を利用できない場合に備えて補助熱源（給湯器等）の設置が必要である。

2) 給湯・暖房の併用

　暖房利用は、太陽熱温水器で温まった湯を居住域へ送るだけで比較的簡単に導入することができ、また給湯とセットにすることで年間を通じて太陽熱を利用することが可能である。暖房利用では、利用する時間帯（夜）と集熱時間帯（昼）が常に一致しないので、蓄熱装置を設置する必要がある。蓄熱材としては、個体ではセラミック類が使用されている。なお、給湯利用と同様に曇天日等に対応するため補助熱源の設置が必要

である。
3) 給湯・冷房の併用

集熱器によって集めた太陽熱を吸収式冷凍機などに投入することによって、太陽熱の冷房への利用も可能である。システムは、集熱器・蓄熱槽・補助熱源・吸収式冷凍機等で構成されており、給湯暖房と組み合わせて使用することで夏期の余剰熱を有効に利用して、設備の稼働率を向上させることができる。

但し、吸収式冷凍機を導入することによりシステムが複雑になり、イニシャルコストが増加するので、ランニングコスト低減によるコスト回収等を踏まえた省エネルギー特性を十分検討する必要がある。
太陽熱による吸収式冷凍機について説明する。

冷媒に水を使う。容器に水を半分入れその水の中に冷やしたい空気が入った導管を通す。容器の圧力を下げる（掃除機を利用して空気を吸い出す布団圧縮機を思いだすこと。）と水は100℃以下で沸騰する。この時導管内の空気から水が気化熱を奪う。よって空気の温度が下がる。蒸発した水は別の濃臭化リチウム水溶液の入った容器に導かれる。濃臭化リチウム水溶液は水を吸収する性質がある。水を吸収するにつれて臭化リチウム水溶液の濃度が下がり、水を吸収する力が減少する。よって太陽熱を利用して臭化リチウム水溶液を加熱して希釈された臭化リチウム水溶液から水を蒸発させ、臭化リチウム水溶液の濃度が下がらないようにする。これが太陽熱を利用した吸収式冷凍機の原理である。

▲ビジネスでは⇒

太陽熱利用技術の導入が考えられる分野は次表のとおりである。現時点で導入が進んでいるのは戸建住宅だが、福祉施設、学校、プールなどでの公共分野でも導入されている。太陽熱温水器設置及び太陽電池設置の補助金は現在、自治体が行っている（行っていない自治体もある）ので太陽熱温水器及び太陽電池両方の設置を行っている住宅もある。給湯は太陽熱温水器で行い、電気は太陽電池で行うというものである。余った電気は買取制度で売電するというパターンである。

利用分野	施設等	利用用途
公共分野	福祉施設	給湯、冷暖房、除湿
	公民館、図書館等	給湯、冷暖房、除湿
	学校、体育館	給湯、冷暖房、除湿
	プール	暖房、温水プール加温
産業分野	ホテル、旅館	給湯、冷暖房、加温加湿
	食品工場、給食センター	殺菌用、洗浄用温水
	畜産（養豚場等）	家畜舎暖房、牧草乾燥
	水産（養殖場等）	飼育用水加温
	林業	木材乾燥
	ハウス栽培	ハウス暖房、土壌殺菌
住宅分野	戸建住宅	給湯、暖房
	集合住宅	給湯、冷暖房、除湿
その他	道路	融雪

●太陽熱発電

　前述した中東で行われている太陽熱発電とは、鏡を利用し太陽光を集め、その熱で蒸気を発生させてタービンを回転、発電する発電システムである。このタービンを回転させて発電する方法は火力発電や原子力発電と同じシステムで、大規模発電に適している。

　太陽熱発電の主な方式は2つある。1つは「タワートップ式」と呼ばれ、モーターと鏡を組み合わせた「ヘリオスタット」と呼ばれる装置で集めた太陽光を、タワーの頂上にある集光器に集める。集光器には水やオイルなどの液体がポンプで送られ、太陽熱で加熱される。この熱を利用して水蒸気をつくり、タービンを回す。

　もう1つは「トラフ式」と呼ばれる。横長で曲面状の鏡を一列に並べ、その中央に水やオイルなどを流したパイプを通す。こうすることでパイプに熱を集中させてボイラーに運び、蒸気をつくってタービンを回す。どちらの方式も、ボイラーやタービンのように火力発電で実績のある古くからある技術を採用しているので、安定して稼働するうえ運用コストも安い。日本では、固定価格買取制度が創設され、太陽光発電こそが再生可能エネ

ルギーの本命であるかのように見えてしまう。だが、実際は中東を中心に大型太陽熱発電が脚光を浴び、大型発電では本命視されはじめている。

　世界で最も注目されているプロジェクトが、北アフリカのサハラ砂漠で進められようとしている。独シーメンスやスイスのABBなど欧州企業12社が結集した「デザーテック」プロジェクトである。サハラ砂漠に巨大な太陽熱発電所を建設し、巨大送電網を使って欧州の都市部に電力を運ぶ。この壮大な計画の総予算は、実に50兆円超に上る。このほか、スペインや米国では、既に数十メガワットクラスの発電所が稼動している。

（図表6-7-1）（タワートップ式）　　（図表6-7-2）（トラフ式）
（共にWEBフリーフォトより）

第8節　新エネルギー —— 温度差熱利用

　地下水、河川水、下水などの水源を熱源としたエネルギーである。夏場は気温よりも水温の方が温度が低く、冬場は気温よりも水温の方が温度が高い。この、水の持つ熱をヒートポンプを用いて利用したものが温度差熱利用である。冷暖房など地域熱供給源として全国で広まりつつある。

　温度差熱利用は次に示すような特徴を持つ。

1. クリーンエネルギー……システム上、燃料を燃やす必要がないため、クリーンなエネルギーと呼ぶことができる。環境への貢献度も高いシステムである。
2. 都市型エネルギー……熱源と消費地が近いこと。及び、温度差エネルギーは民生用の冷暖房に対応できることから、新しい都市型エネルギー

として注目されている。
3. 多彩な活用分野……温度差エネルギーは寒冷地の融雪用熱源や、温室栽培などでも利用できる。

　ただし、問題点としては、建設工事の規模が大きいためイニシャルコストが高くなっているので地元の地方公共団体などとの連携が必要となってくる。

　次にヒートポンプについて我々に身近なエアコンを使って説明する
① エアコンは室内機（中に熱交換機とファンがある）、室外機（中に圧縮機とキャピラリーチューブと四方弁がある）で構成されている。
② 室内機と室外機を往復して熱を運ぶ冷媒が代替フロンである。
③ エアコンは電気を使って圧縮機やファンを運転している。
④ 室外機内の圧縮機で圧縮され高温高圧になったフロンガスは熱交換器に入り、ファンによって冷却される。そしてフロンガスは放熱して液化する。この時、室外機から外には温風が出る。
⑤ 液化したフロンは、キャピラリーチューブ（膨張弁ともいう）に入り圧力を下げられる。圧力を下げられて気化したフロンは四方弁を通り室内機に向かう。
⑥ 室内機で圧力が上がり液体に戻ったフロンは、熱交換器を通して室内の空気から熱を奪い自身は気化する。このとき、ファンを通して冷風が室内に出る。
⑦ 気化したフロンは室外機の圧縮機に向かう。後は④に戻り同じことの繰り返しを行う。

　つまり、**冷房状態のエアコンは、室内の熱を奪い、室外に吐き出して冷房している**ということになる。

　エアコンの冷暖房切り替えは四方弁という切り替え弁で行う。四方弁が切り替わるとフロンガスの流れが逆転し、高温高圧のフロンガスを冷却していた室外機と、室内の熱を奪っていた室内機の立場が逆転する。つまり、**暖房状態のエアコンは、室外の熱を奪い、室内に取り入れて暖房している**ということになる。

　電気ヒーターも電気を使って暖房している。

1kWh＝3600kJであるので、電気ヒーターは効率を100％とすると、1kWhの電力を使用して3600kJの暖房を行う。

しかしエアコンは1kWhの電力を使用して、15000kJ〜25000kJの暖房が可能である。

電気ヒーターは電気を熱に変換しているが、エアコンは熱を電気で室内機から室外機、室外機から室内機へ移動・運搬しているだけなので、1kWh＝3600kJ以上の冷暖房をすることが可能である。この熱の移動・運搬を「ヒートポンプ」（熱のポンプ）という。

この移動した熱エネルギー量を、移動させるのに使用した電気エネルギー量で割ったものを**成績係数**（＝COP）という。

成績係数＝冷暖房エネルギー量／入力電力量

最近の市販されているエアコンではこの成績係数が4〜7となっている。この数値が大きいほど省エネ型エアコンということになる。

（例）あるエアコンは暖房時、1kWhの電力量で室内機が20000kJを発熱した。このエアコンの成績係数COPを有効数字2桁で求めよ。

　　（解）　20000／3600＝5.55≒5.6

▲ビジネスでは⇒

温度差熱利用のいくつかの実例を紹介する。夏場は海水や河川水の方が室内の気温より低温であることを利用して、海水や河川水が冷房時のエアコンの室外機から熱を奪えば、室内に冷水が作れる。冬場は海水や河川水のほうが室内の気温よりも高温であることを利用して、海水や河川水が暖房時の室外機に熱を与えれば室内に温水が作れる。

●サンポート高松地区地域冷暖房施設

香川県のサンポート高松地区では、瀬戸内海に面する特性を活かし、海水と気温の温度差を利用した地域熱供給施設を高松港旅客ターミナルビルの地下に設置。ヒートポンプ方式により冬場49℃の温水と夏場5℃の冷水をつくり、配管を通してエリア内の施設に供給している。

●箱崎地区地域熱供給システム

隅田川の河川水と気温の温度差熱を有効活用しているのが箱崎地区にある地域熱供給システム。供給区域面積は約25ha、延べ床面積は約28万m²で、オフィスビルのほか約180戸の住宅にも冷温水を供給している。地域配管は4管式で、冬場は温水（47℃、住宅は45℃）、夏場は冷水（7℃、住宅は9℃）を供給している。

第9節　新エネルギー —— 雪氷熱利用

　雪氷熱利用は北海道を中心に導入が進んでいる。これは、冬の間に降った雪や、冷たい外気を使って凍らせた氷を保管し、冷熱が必要となる時季に利用するものである。寒冷地の気象特性を活用するため、利用地域は限定されるが、資源が豊富にあることから注目されている。

　寒冷地では従来、除排雪、融雪などで膨大な費用がかかっていた雪を、積極的に利用することでメリットに変えることが可能である。

　雪氷熱利用の冷気は通常の冷蔵施設と異なり、適度な水分を含んだ冷気であることから、食物の冷蔵に適している。

　風力発電の風車が地域のシンボルとなるように、雪氷熱の施設もシンボルとなる可能性を秘めている。

　具体的には次のようなものがある。

雪室（ゆきむろ）・氷室（ひむろ）……倉庫に雪を貯めその冷熱で野菜などを貯蔵する。
アイスシェルターシステム……氷をつくるシステムを指す。冬の寒冷な外気を利用して氷をつくり貯蔵し、夏などに氷を冷熱源として冷房や冷蔵に活用する。
雪冷房・冷蔵システム……倉庫に雪氷を蓄え、空気や水（不凍液など）を循環させることで積極的に冷熱を活用する。送風機やポンプ、熱交換器などの装置が必要である。

　問題点としては、設置できる地域が限定されるため導入事例が少なく、現在は農産物の冷蔵などが中心となってしまい、他分野への応用が難しいことが挙げられる。

▲ビジネスでは⇒

雪冷房・冷蔵システムの例：
- JAびばい「雪蔵工房」……国内最大となる3,600tの貯雪量を誇る玄米貯蔵施設。全空気式雪冷房により庫内を温度5℃、湿度70%の低温環境とし、常に新米の食味(しょくみ)を提供している。運転停止や温度調整も可能で、消費電力は従来に比べ1/2以下となっている。
- マンション・ウエストパレス……世界初の雪冷房マンションであり、従来、主に農産物貯蔵に利用されることが多かった雪冷房が、本施設以降、居住空間にも盛んに活用されるようになったことで知られる。システムは、雪を強制的に溶かし、雪解け冷水を循環させて冷房を行う冷水循環式。
- プラントファクトリー……国内最大級の植物生産工場であるプラントファクトリーでは、北海道ならではの冬の寒さを利用した冷熱システムを導入。地下に設置した2基の製氷プールで、約1,000tの氷を作成し、この氷を使って、夏場、約3,000m³のガラス温室を冷房している。

第10節　革新的な高度利用技術

　新エネルギーには含まれないものの、再生可能エネルギーの普及、エネルギー効率の飛躍的向上、エネルギー源の多様化に貢献する新規技術として、その普及を図ることが必要なものとして、「クリーンエネルギー自動車」「天然ガスコージェネレーション」「燃料電池」等が挙げられる。これらは、「革新的なエネルギー高度利用技術」といわれる。

○「クリーンエネルギー自動車」…代表はハイブリッドカーである。ハイブリッドは、英語で「異質なものの混合物」という意味である。HVの名前は、ガソリンを燃焼させるエンジンと、電気モーターの二つの動力源を使っていることに由来している。
　HVの最大の特徴は、ガソリンエンジンと電気モーターを組み合わせることでガソリンの消費を抑え、燃費を飛躍的に高めた点だ。燃費向上の秘密は、車を減速する時のエネルギーでモーターを回して発電し、バッテリーに蓄える「回生ブレーキ」機能にある。ブレーキ時に失われていた動力エネルギーを電気エネルギーに変える仕組みで、普通に走行するだけで電

気を蓄えることができ、その電気でモーターを動かして燃費効率を高めている。ハイブリッドカーの代表はトヨタ自動車の「プリウス」であり、ガソリン1L当たり約38kmの燃費を誇る。2016年度新車販売4440518台の10％をHVが占める。2016年の新車販売車種ベスト10をみると、1位はHV専用車プリウス（トヨタ）248258台、2位もHV専用車アクア（トヨタ）154932台、3位〜8位は全て軽自動車で合計652675台、9位と10位はガソリン使用車で合計150089台である。軽自動車はもともと燃費が良くハイブリッド仕様はない。1位、2位、9位、10位が普通乗用車であるが、そのうちHVの割合は、実に74％を占める。トヨタではほとんどの車種にハイブリッド仕様を用意している。2017年1月には、トヨタのハイブリッド仕様車が世界販売累計で1000万台を突破した。さらにトヨタでは電池の充電を回生ブレーキからだけでなく、家庭用電源からも行える「プラグイン・ハイブリッド車（PHV）」も発売している。ガソリン1Lで走る距離はHVの2倍近い値を出している。まさに現在日本ではハイブリッドブームが起こっているといっても過言ではない。

　一方、高速で長距離走行する機会の多い欧州では、ガソリンに比べ燃費効率の高いディーゼルエンジンが主力となっている。欧州でのHVの販売台数は日本の4分の1以下にとどまっている。またガソリンが豊富なアメリカではガソリン仕様のSUV（Sport Utility Vehicle）「多目的スポーツ車」の売れ行きが好調である。

　ところが第4節バイオマス燃料製造でも述べたが、欧米で異変が起こっている。2017年ディーゼルエンジンに力を入れてきたヨーロッパでは、エンジン車（ガソリン及びディーゼル車）の販売を禁止し、EV（Electric Vehicle）化（電気自動車化）の進行に舵を切ったのである。フランス政府は、2040年までに国内のエンジン車の販売を禁止すると発表したのである。インドはそれに先駆けて2030年までに、ノルウェー、オランダは2025年までにエンジン車の販売を禁止すると発表した。また、自動車生産大国のドイツも、連邦議会で2030年までにエンジン車の販売を禁止すべきという決議を行った。米国では、トランプ大統領はパリ協定から離脱を表明しているが、カリフォルニア州をはじめとする12州は、実質的な

エンジン車締め出しのZEV規制の内容を強化して2018年モデルから適用する。12州の自動車販売台数は全米のおよそ30％である。2020年には、そこでは販売台数の5台に1台から4台に1台がEVになる。年間100〜130万台ほどのEVが販売されることになる。ZEV規制に違反すると、エンジン自動車1台の契約につき5000ドルの罰金が科される。大気汚染が深刻な中国では、米国のZEV規制と同様のNEV（New Energy Vehicle）規制が2018年から実施される（以上既述）。これは実質的なエンジン車の締め出しである。2018年からのZEV規制やNEV規制ではHVは規制対象となる。つまり、PHV、EV及び後述するFCVのみが罰金なしで走れることになる。ただしPHVもエンジンを積んでいるので将来どうなるかは不透明である。

EVは現時点では航続距離が約400キロとガソリン車に比べて短いほか、急速充電器を使って40分間の充電時間がかかり、急速充電器を備えたスタンドは23000箇所（ガソリンスタンド数は32000箇所）あるが、1回の充電時間がガソリン給油時間に比べて長く、複数車の充電ができない。また値段もHVの1.5倍で割高などの課題が残っている。一方、究極のエコカーと言われるFCV燃料電池自動車（Fuel Cell Vehicle）は、トヨタがミライを発売している。燃料電池については後述する。価格は約800万円であるが、200万円の公的補助がでるので、約600万円が実勢価格となる。しかし水素ステーションの数が都市部を中心に30箇所程度しかないのがネックであり、普及にはまだ時間がかかる見通しである。

2014に経済産業省が次世代自動車普及目標を発表したがその数値を示す。HV、PHV、EV、FCVは最大値を示す。

	2020年	2030年
従来車	〜50％	〜30％
HV	30％	40％
EV、PHV	20％	30％
FCV	〜1％	〜3％

（「自動車産業戦略2014」経済産業省より）

○「天然ガスコージェネレーション」…天然ガスはメタン（CH_4）を主成

分とする天然の可燃性ガスであり、都市ガスの成分である。天然ガスコージェネレーションシステムとは、天然ガスを使って電気と熱を取りだし、利用するシステムである。天然ガスで発電すると同時に、排熱を給湯や空調、蒸気などの形で有効に活用するのでムダが発生しにくい。クリーンな都市ガスを利用するので環境性に優れているほか、省エネ性にも優れている。ガスエンジン方式、ガスタービン方式、燃料電池方式の3つの方式がある。

　ガスコージェネレーションシステムは、1棟のビルだけに導入するものから何ヘクタールもの地域を対象とするもの、さらには医療・福祉施設、大型ショッピングセンター、工場等、さまざまな規模の施設で利用することができる。そして、排熱の用途も給湯から冷暖房、さらには寒冷地における融雪まで、さまざまである。規模に合わせたガスコージェネレーションシステムで発電し、排熱はその量に応じて活用する。

　ガスコージェネレーションシステムは、必要なとき、必要な場所でエネルギーを作る"分散型エネルギーシステム"である。作ったエネルギーを遠くに運ぶ必要がないので、エネルギー輸送による損失がない。また、従来の"集中型発電方式"では、発電で発生する熱を廃棄するが、ガスコージェネレーションシステムでは排ガスや冷却水から排熱を回収し、給湯や空調などに利用する。これにより、一次エネルギーの70～90％が有効利用される。

・ガスエンジンは、吸気、圧縮、着火・燃焼、排気の工程を通じ、燃焼ガスの持つエネルギーをピストンの往復運動に変えて発電しながら、エンジンの冷却水や排ガスの排熱を蒸気または温水として回収し、利用する。発電容量1kWから数千kWクラスまで対応する。

　家庭用天然ガスエンジンコージュネレーションシステムが「エコウィル」の名称で普及しだしている。これは各家庭に届けられた天然ガスでエンジンを駆動して発電するものである。使う場所で発電を行うので送電ロスがなく環境にもやさしいシステムである。大規模施設と同様、発電時に発生した熱は回収し、お湯として貯湯槽にためて給湯や暖房に使う。自宅で発電するため「マイホーム発電」とも呼ばれている。

・ガスタービンは、吸気、圧縮、燃焼、膨張、排気の工程を通じ、燃焼ガスの持つエネルギーをタービンの回転運動に変えて発電しながら、排ガスの排熱を蒸気または温水として回収し、利用する。発電容量数十 kW から数万 kW クラスまで対応する。

　限りあるエネルギー資源を有効に利用するためには、利用されずに捨てられてしまう熱エネルギーを活用する、より効率的なエネルギーの供給・利用システムの構築が必要である。一度発生させた高温の熱は、より低い温度でも利用できる用途に段階的に利用することにより、同じ一次エネルギーの投入量で、効率的な利用が可能になる。これは、水が階段状の滝（カスケード）を流れ落ちる様子にたとえて、熱のカスケード利用（多段階利用）と呼ばれている。天然ガスコージェネレーションシステムは、1,500℃以上の高温エネルギーを、まず発電機の動力として使い、その排熱を蒸気や温水として利用することで、熱の高効率なカスケード利用を実現するシステムである。電気と熱を効率よく取り出すため、総合エネルギー効率が高く、また CO_2 排出量についても、従来システムの約 3 分の 1 を削減することができる。

［天然ガス燃焼熱のカスケード利用］

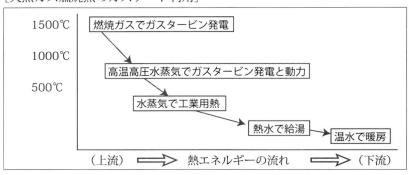

（図表 6-10-1）

・燃料電池は、水の電気分解と逆の反応を利用し、天然ガスから水素を取り出し、空気中の酸素と反応させて電気と水を作り出すとともに、同時に発生する熱を蒸気または温水として回収し、利用する。発電容量 1 千

kWクラスまで対応するりん酸形が実用化されているが、数kWクラスの固体高分子形なども実用化が進められている。
　家庭用としては、「エネファーム」として発売されている。

○「燃料電池」…すでに燃料電池自動車や天然ガスコージェネレーションの燃料電池型で既出済みだがその原理をまず解説する。

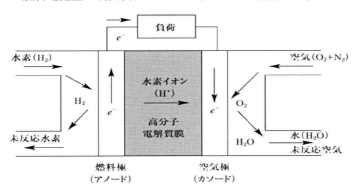

（図表6-10-2）（井上尚之『環境学』より）

　燃料極（負極）では水素が触媒の白金によって水素イオンと電子に分離される。
$H_2 \rightarrow 2H^+ + 2e^-$ …（1）
　水素イオンは電解質を通して反対極の空気極（正極）へ移動し、電子は外部に抜け出し導線を伝って電流となる。
　空気極には酸素が導入される。ここで電解質を通って入ってきた水素イオンと外部の導線を経由してきた電子との反応で水が生成される。
$1/2 O_2 + 2H^+ + 2e^- \rightarrow H_2O$ …（2）
（1）式＋（2）式より、
$H_2 + 1/2 O_2 \rightarrow H_2O$
　つまり、水素分子と酸素分子が反応して水ができるシンプルな反応である。つまり水素分子の燃焼反応である。実際に水素分子を燃焼させると熱が発生するが、燃料電池は熱エネルギーの代わりに電気エネルギーを得る

装置であるといえる。

現在、実用化されている燃料電池はリン酸型（PAFC）と固体高分子型（PEFC）である。リン酸型は百～数百 kW で定置発電に利用されている。固体高分子型は数～数十 kW であり自動車・家庭電源に利用されている。

水素は、自然界には水素ガス（そのまま燃料電池の燃料となる状態）では存在しない。そのため、熱や電気などのエネルギーを投入して、化石燃料（石油、天然ガス）や水、バイオマス（メタン）等から製造する必要がある。現在、水素の大半は化石燃料（主に天然ガス：メタン）から製造されている。それは、他の原料より簡単で、低コストに作れるからである。

現在盛んにマスコミで宣伝されている前出の家庭用燃料電池（エネファーム）は、天然ガスから水素を供給する。化石燃料から水素を作っている限りは、化石燃料の削減にはつながらないが、燃料電池のコージェネレーション（電気と熱の併用）などの高効率な利用をすることでトータルでは地球温暖化の原因となる二酸化炭素（CO_2）の排出を少なくすることができる。また、大気汚染防止に大きな効果がある。現在でも化石燃料からの製造以外に、製鉄所で鉄鉱石の還元に使うコークスを作るときに出るガス（コークス炉ガス）から水素が得られているが少量である。

地球にやさしい燃料電池システムや FCV 燃料電池自動車が普及していくためには、その燃料となる水素の供給体制を整える必要がある。将来的にはバイオマスメタンや自然エネルギーからの水素製造量を増やしていく必要があろう。例えば太陽光発電、太陽熱発電、原子力発電による電気を利用して水の電気分解を行って水素得ることが実際に行われているがネックとなっているのはコストである。いかに化石燃料に依存しない低コストの水素を得るかで全世界の企業が過酷な競争を行っているのが現状である。そして将来は、環境負荷の小さい地球、水素エネルギー社会が形づくられていくであろう。

第 2 部では、企業や大学の環境保全の切り札である国際環境マネジメントシステム ISO14001 の規格、解釈、具体的な例を示す。具体例は、大学の例を示す。

第 2 部

環境マネジメントシステム ISO14001

第1章　環境マネジメントシステムとは

第1節　ISO14001の歴史

　ISO（International Organization for Standardization：国際標準化機構）は、1947年に非政府組織として設立された。本部は、スイスのジュネーブに置かれている。ISOは電気関係を除く工業製品の標準化のための国際専門機関であり、法的地位は民間組織である。しかし、国際連合などの諮問的地位を有し、WTO（World Trade Organization：世界貿易機構）にも大きな影響力を持つ。ISOの前身は、第一次世界大戦終了後の1926年に各国が自国の工業製品の標準化を始めたことを契機に発足したISA（International Federation of the National Standardizing Association：国家規格協会の国際連盟）である。

　ISOには現在、世界の約120カ国が会員として加入しており、日本からはJIS（Japanese Industrial Standard：日本工業規格）を調査・審議しているJISC日本工業標準調査会）が代表機関として登録されている。一国一機関が原則となっているため、ISO関係の国際会議への出席はすべてJISCが窓口となって調整を行っている。

　世界における地球環境問題の広がりは、国連のUNEP（United Nations Environment Program：国連環境計画）の活動を中心にしだいに世界に広がり、1992年にブラジルのリオデジャネイロで地球サミットを開催することが決議された。地球サミットの正式名は、UNCED（United Nations Conference on Environment and Development：環境と発展に関する国連会議）である。UNCEDの事務局は、この地球サミットを成功させるために産業界から地球サミットに対して提案を求めることにした。そしてその提案をまとめるために、1990年にBCSD（Business Council for Sustainable Development：持続可能な発展のための産業人会議）が組織された。BCSDには世界から日本人7人を含む50人の経営者が参加した。BCSDは、1991年に、次のような提案をUNCEDに行った。

　（1）ビジネスにおける持続性のある技術（Sustainable Technologies）導入及びその推進のために環境の国際規格は重要な手段となり得る。

（2）ISO はこの計画を実施するための適切な機関である。

BCSD の目的は、今日の地球環境問題のキーワードになっている「持続的発展（Sustainable Development）」を企業活動の中で具現化する方法論の確立にあった。BCSD の要請を受けて ISO は、1991 年 7 月検討に入り、IEC（lntemational Electro technical Commission：国際電気標準会議）と共同でアドホックグループ SAGE（Strategic Advisory Group on Environment：環境に関する戦略諮問グループ）を設立し、環境についての標準化の検討を行った。その報告に基づき 1993 年 2 月、ISO 理事会は TC207（環境マネジメントに関する専門委員会）の設置を決定し、同年 6 月カナダのトロントで開催された TC207 第一回総会において環境マネジメント標準化作業の枠組みが決められるに至った。そして、1996 年 9 月から 10 月にかけて ISO14001、ISO14004、ISO14010、ISO14011、ISO14012 の 5 種類の環境マネジメントシステム及び環境監査に係る国際規格が相次いで発行された。そして同年 10 月、これらは JIS 規格として制定された。以下にこれらの内容を示す。

（1）ISO14001：環境マネジメントシステム——仕様及び利用の手引き
（2）ISO14004：環境マネジメントシステム——原則、システム及び支援技法の一般指針
（3）ISO14010：環境監査の指針——一般原則
（4）ISO14011：環境監査の指針——監査手順、環境マネジメントシステムの監査
（5）ISO14012：環境監査の指針——環境監査員のための資格基準

わかり易くいえば、ISO14004 は環境マネジメントシステム構築にあたってのガイドライン、ISO14010 〜 ISO14012 は環境監査に関するガイドラインであり、いずれもいわゆるアドバイスや指針であるのに対して、ISO14001 だけは環境マネジメントシステムに関する「要求事項」である。要求事項とは、満たさなければならない事項であり、第三者機関によって適合性が評価されるときの基準になる。

第2節　ISO14001の構成

　ISO14000シリーズの中核になる規格、ISO14001は、環境マネジメントシステムに対する要求事項を述べた規格である。第三者による審査登録にあたっては、この要求事項をすべて遵守していなければならない。環境マネジメントシステムは以下のように定義されており、これは企業が事業活動を行う際に、環境に対する負荷を軽減する活動を継続的に行うための経営の仕組みを意味している。

　環境マネジメントシステム：全体的なマネジメントシステムの一部で、環境方針を作成し、実施し、達成し、見直しかつ維持するための、組織の体制、計画活動、責任、慣行、手順、プロセス及び資源を含むもの。
ISO14001は、企業自ら設定する環境方針を含め、環境マネジメントシステムを、後述するPLAN、DO、CHECK、ACTというPDCAサイクルに沿って実行するものである。

（1）環境方針＝PLAN

　自社の企業活動や提供する製品・サービスが環境へ与える影響を考え、環境関連法規の遵守や継続的な改善、環境汚染の未然防止などを、経営者が方針として定め、企業として約束することが要求されている。

　そして、この環境方針においては、文書化し、全従業員に周知徹底するとともに、外部に対して公表すること、つまり、一般の人が入手できることが求められている。

（2）計画＝PLAN

　自社の企業活動や製品・サービスが環境に影響を与える環境側面を洗い出し、その影響を評価して管理すべき「著しい環境側面」を決定すること、法規制や、その他の要求事項を把握して環境への影響を改善するための環境活動の目的と目標、そして、それを達成するための環境マネジメントプログラムを設定することが求められている。

　環境側面とは、ISO14000シリーズに特有な言葉で、環境に負荷を与える原因のことをいう。

（3）実施及び運用＝DO

　環境マネジメントプログラムに基づいて、環境方針や環境目的・環境

目標を達成するために組織の役割、責任と権限を明確にし、社員すべてに必要な訓練を行うこと、組織内のさまざまなレベル間または外部の利害関係者とのコミュニケーションの手順、環境にかかわる情報の文書化とその管理の手順を定めること、などが求められている。

さらに、この規格の特徴の一つである文書管理では、環境マネジメントシステムの主要な要素を文書化し、また実施過程では記録を残し、かつこれを適切に管理することが求められている。実施している環境マネジメントシステムの内容と結果を、第三者にもわかるものとして残すことが必要である。

（4）点検及び是正措置＝ CHECK

環境に著しい影響を及ぼす工程などを日常的に監視し、管理する手続きを決めること。さらに目的と目標の達成状況、監視及び測定機器の校正、法規制の遵守状況などを監視し、管理する手順を定めることが求められている。

（5）経営層による見直し＝ ACT

組織が決めた環境マネジメントシステムの適合性と有効性を、一定期間ごとにチェックし、経営者が環境活動全体の妥当性を見直すこと、必要とあれば環境方針にまで遡って見直しを行い、次の PDCA サイクルに入って継続的な改善を行うことが求められる。

ISO14000 シリーズによる審査登録制度は、構築された環境マネジメントシステムが ISO14001 の要求事項を満たしているかどうかを、第三者機関が審査し、満たしていれば登録される。これが ISO14001 の認証を受けるということである。こうした企業の環境マネジメントシステムを審査する第三者機関を「審査登録機関」という。現在約 50 機関ある。

この審査登録機関の能力や公平性、透明性を判定するのが「認定機関」である。認定機関は一国一機関が原則であり、日本では JAB（The Japan Accreditation Board for Conformity Assessment：日本適合性認定協会）が認定機関である。ISO14001 の登録証は「審査登録機関」が発行し、JAB に登録通知するシステムになっている。

第3節　ISO14001の認証登録

　ISO14001の認証を受けるということは、PDCAサイクルがきちんと作られて機能しているかどうかの審査を受けて合格することである。ISO14001規格では、環境パフォーマンス（実績、達成度）については直接触れていない。つまり、環境マネジメント活動に対しては継続的な改善を示す環境パフォーマンスの達成を期待しているが、環境パフォーマンスそのものは審査の対象にしないということである。つまり省エネ・廃棄物などの環境基準をクリヤーすることで認証が得られるのではないということである。わかり易くいうと、ISO14001規格では、環境マネジメントのシステムが組織に存在することが最も重要であると考えられているので、発展途上国から先進国までのすべての国々の組織が参加できるということである。

　JABには、「A社は煙突から煤煙を排出しているのに認証を与えるとは何事か。」「A社はB社よりも環境対策が遅れているのになぜ認証を与えるのだ。」という苦情がよく舞い込むという。これも先に述べた誤解によるもので、この規格はある規準を達成した企業に与えられるものではない。

第4節　ISO14001ブーム

　このような誤解があるにせよ、いまや日本は一時のブームは過ぎたが、ISO14001の認証登録数は約3万社で世界第2位である。この数字は米独英などの主要先進国を大きく引き離している。我が国において短期間でISO14001認証取得企業数が増えた理由として次のようなものが挙げられる。

（1）認証登録することにより、環境を重視する企業としてイメージアップになり、信用が高まり、結果的に利益が上がると認識した。
（2）日本では横並び意識が強く、同業の一社が取得すると、他社も一斉に取得登録に走った。
（3）グリーン購入・調達（環境に配慮した製品を優先して購入・調達すること）が企業・消費者・自治体で活発化しており、グリーン調達・購入のための評価基準として相手方のISO14001認証登録が挙げられ

る場合が多い。特に企業や自治体との取引でISO14001の認証登録を必要条件とするところもあり、認証登録企業は取引先を広めるビジネスチャンスが得られる。

（4）ISO14001の認証登録企業は、環境に対する妥当な配慮を行い、環境関連の法規則を遵守していると見なされて、環境保険（環境汚染賠償責任保険等）の保険料率の割引を受けることができる。

（5）エコファンド（環境対応度が高い企業に優先的に投資する株式投信）の広がりで資金調達の面で有利である。

上記の（3）の具体例を挙げると、トヨタ自動車は1999年3月の「取引さまへのお願い事項」のなかで、2003年までにISO14001の認証登録を求めた。トヨタにとっては、環境への取り組みが生半可なものではなく、本気であることを簡潔な要望の形で取引企業に示したのであった。

ISO14001の認証登録の中心的役割を果たした企業や自治体の担当者が共通して指摘しているのは、取得の過程で従業員の環境意識が大幅に高まったことだという。たとえば使い終った紙類を進んで分別箱に入れるようになった、使い終った部屋の電気を必ず誰かが消すようになった、冷暖房の利用の仕方に節度が出てきた、自動車のアイドリングが減った等等日常業務の場で著しい変化が見られるという。経営という視点からは、明らかに電気代や資材の節約が進み、コスト削減が実現したという報告が多い。横河電機では、ISO14001の活動に沿って、オシログラフィック・レコーダー（高周波形測定器）の製品設計を超小型軽量に変えた結果、性能、品質を変えずに、旧来型製品と比べ大きさが十分の一、重量が五分の一と小型化し、部品点数が60％減、消費電力が五分の一、さらにリサイクル困難部品数も30％減となり大幅に省エネ、省資源効果が上がったと報告している。

以上のようにISO14001は、企業の省エネルギーのみならず、環境にやさしいリサイクル可能な製品の開発のインセンティブに大いに役立っていることがわかる。わが国は、2001年6月に「循環型社会形成推進基本法」を公布した。この法律は、循環型社会の形成を推進する基本的な枠組みとなる基本法であるが、環境マネジメントシステムISO14001は循環型社

会実現の大きな武器となるものである。

　ISO14001 は、日本工業規格としては翻訳されて JISQ14001 として発行されている。国際的には ISO14001 と翻訳された日本工業規格の JISQ14001 は同等のものと見なされる。ISO14001:1996 は、2004 年に小改訂されて ISO14001:2004、JISQ14001:2004 となった。さらに 2015 年には、大改訂され ISO14001:2015、JISQ14001:2015 となった。今回の改定のポイントは以下の点である。

・**戦略的な環境管理**

　組織の戦略的な事業計画策定において、環境管理の重要性が増していることから、環境マネジメントシステムの確立に当たっての、「組織の状況の理解」に関する事項が採用された。組織の状況とは、例えば、利害関係者のニーズ及び期待、組織に影響を与える又は組織からの影響を受ける地方・地域・グローバル規模の環境状態に関連する課題、周囲の状況変化に関連する課題が上げられている。

・**リーダーシップ**

　環境マネジメントシステムの成功を確実にするために、リーダーシップの役割をもつ人に対し、組織内の環境管理を促進することについてのコミットメントが求められている。

・**環境保護**

　組織に対する期待として、組織の状況に応じて害及び劣化から環境を保護するための事前対応的な取組みへのコミットメントが追加された。今回の改訂では、"環境の保護"は定義されていないが、環境の保護が、汚染の予防、持続可能な資源の利用、気候変動の緩和及び気候変動への適応、生物多様性及び生態系の保護等を含み得るという記載が追加された。

・**ライフサイクル思考**

　組織自らが管理及び影響を及ぼす範囲については、調達された物品・サービスに関連する環境側面の管理に加えて、製品の使用及び使用後の処理又は廃棄に関連する環境影響にまで強化された。ただし、これはライフサイクル評価を行うことを要求するものではない。

・**コミュニケーション**

外部及び内部コミュニケーションの双方に、コミュニケーション戦略の策定が求められている。これには、矛盾がなく一貫し、信頼のおける情報についてのコミュニケーションに関する要求事項、及び、組織の管理下で働く人々が環境マネジメントシステムの改善提案を行う仕組みを確立することに関する要求事項が含まれている。

　次章では、ISO14001:2015（JISQ14001:2015）の規格の内容と解釈、さらには筆者が所属する大学を想定して筆者が作成した具体的な『環境マニュアル』を示す。

第2章　ISO14001の規格と実際の環境マニュアルの例

　本章では、ISO14001(2015年改訂版)の規格の要求事項（4.1～10.3）及び『環境マニュアル』それに付随する次に示す関係文書を最後に掲載する。「環境影響評価表」、「法的及びその他の要求事項一覧表／評価表」、「環境目的・目標実施計画／報告書」、「目的・目標一覧表」、「照明・空調機器省エネ手順書」、「廃棄物管理手順書」。規格は罫線で囲む。

4　組織の状況
4．1　組織及びその状況の理解
　組織は、組織の目的に関連し、かつ、その環境マネジメントシステムの意図した成果を達成する組織の能力に影響を与える、外部及び内部の課題を決定しなければならない。こうした課題には、組織から影響を受ける又は組織に影響を与える可能性がある環境状態を含めなければならない。

【大学の例】
4．1　組織及びその状況の理解
（1）本学を取り巻く、外部及び内部の課題をマネジメントレビューで検討し、「マネジメントレビュー会議議事録」に記録する。
（2）検討に当たって環境が本学に及ぼす影響については、地震・火災等を考える。(6.1.1　SWOT分析参照)
（3）外部及び内部の課題に関する状況は日々変化するため、常に外部環境の変化を監視し、「環境管理委員会」で検討し、レビューする。
（4）毎回のマネジメントレビューで定期的にEMSについて確実に見直しする。

4．2　利害関係者のニーズ及び期待の理解
　組織は、次の事項を決定しなければならない。
a)　環境マネジメントシステムに関連する利害関係者
b)　それら利害関係者の、関連するニーズ及び期待(すなわち、要求事項)

> c) それらのニーズ及び期待のうち、組織の順守義務となるもの

【大学の例】
4.2 利害関係者のニーズ及び期待の理解
本学は環境管理委員会により次の事項を決定する。
（1） 環境マネジメントシステムに関連する利害関係者：
　　　現在のところは、教員・事務系職員・学生・学生の保護者・近隣住民・請負業者・供給業者等とする。
（2） それら利害関係者の、関連するニーズ及び期待：
　　　これらに関しては、環境影響評価表にまとめる。
（3） それらのニーズ及び期待のうち、本学の順守義務となるもの：
　　　これらに関しては法的及びその他の要求事項一覧表／評価表にまとめる。

> 4.3 環境マネジメントシステムの適用範囲の決定
> 　組織は、環境マネジメントの適用範囲を定めるために、その境界及び適用可能性を決定しなければならない。
> 　この適用範囲を決定するとき、組織は、次の事項を考慮しなければならない。
> a) 4.1に規定する外部及び内部の課題
> b) 4.2に規定する順守義務
> c) 組織の単位、機能及び物理的境界
> d) 組織の活動、製品及びサービス
> e) 管理し影響を及ぼす、組織の権限及び能力
> 適用範囲が定まれば、その適用範囲の中にある組織の全ての活動、製品及びサービスは環境マネジメントシステムに含まれている必要がある。環境マネジメントシステムの適用範囲は、文書化した情報として維持しなければならず、かつ、利害関係者がこれを入手できるようにしなければならない。

【大学の例】
4.3 環境マネジメントシステムの適用範囲の決定

組織の範囲：学校法人 K 学園　K 大学
所在地　〒650-○○○○　兵庫県神戸市○○区○○通○丁目○番○号（3号館）
　　　　〒650-○○○○　兵庫県神戸市○○区○○町○番○号（1号館）
　適用の範囲：大学における教育・研究・地域貢献活動の計画と提供
上記については、内部、外部の課題、密接に関連する利害関係者の要求事項をマネジメントレビューで検討し、決定した。これについては必要に応じて、マネジメントレビューで見直しを行う。
　環境マネジメントシステムの組織の範囲・適用範囲は、大学のホームページで公開する。

4.4　環境マネジメントシステム
　環境パフォーマンスの向上を含む意図した成果を達成するため、組織は、この規格の要求事項に従って、必要なプロセス及びそれらの相互作用を含む、環境マネジメントを確立し、実施し、維持し、かつ、相互的に継続的に改善しなければならない。
　環境マネジメントシステムを確立し維持するとき、組織は、4.1及び4.2で得た知識を考慮しなければならない。

【大学の例】
4.4　環境マネジメントシステム
（1）当環境マニュアル4.1から10.3で規格要求事項を明確にする。
（2）特に①環境パフォーマンスの向上　②順守義務を満たすこと　③環境目標の達成に留意する。
（3）計画したパフォーマンスを達成するために、PDCAサイクルを回し、コミュニケーションと教育・訓練を充実し実施する。

5．リーダーシップ
5.1　リーダーシップ及びコミットメント
　トップマネジメントは、次に示す事項によって、環境マネジメントシステムに関するリーダーシップ及びコミットメントを実証しなければならない。

a)　環境マネジメントシステムの有効性に説明責任を負う。
　b)　環境方針、環境目標を確立し、それらが組織の戦略的な方向性及び組織の状況と両立することを確実にする。
　c)　組織の事業プロセスへの環境マネジメントシステム要求事項の統合を確実にする。
　d)　環境マネジメントシステムに必要な資源が利用可能であることを確実にする。
　e)　有効な環境マネジメント及び環境マネジメントシステム要求事項への適合の重要性を伝達する。
　f)　環境マネジメントシステムがその意図した成果を達成することを確実にする。
　g)　環境マネジメントシステムの有効性に寄与するよう人々を指揮し、支援する。
　h)　継続的改善を促進する。
　i)　その他の関連する管理層がその責任の領域においてリーダーシップを実証するよう、管理層の役割を支援する。
　注記：　この規格で"事業"という場合、それは、組織の存在の目的の中核となる活動という広義の意味で解釈される。

【大学の例】
5.1　リーダーシップ及びコミットメント
　理事長は、次に示す事項によって、環境マネジメントシステムに関するリーダーシップ及びコミットメントを実証する。
a)　環境マネジメントシステムの有効性に説明責任を負う。
b)　環境方針、環境目標を確立し、それらが本学の戦略的な方向性及び組織の状況と両立することを確実にする。
c)　本学の事業プロセスへの環境マネジメントシステム要求事項の統合を確実にする。
d)　環境マネジメントシステムに必要な資源が利用可能であることを確実にする。
e)　有効な環境マネジメント及び環境マネジメントシステム要求事項への適合の重要性を伝達する。

f) 環境マネジメントシステムがその意図した成果を達成することを確実にする。
g) 環境マネジメントシステムの有効性に寄与するよう人々を指揮し、支援する。
h) 継続的改善を促進する。
i) その他の関連する管理層がその責任の領域においてリーダーシップを実証するよう、管理層の役割を支援する。

5.2 環境方針
　トップマネジメントは、組織の環境マネジメントの定められた適用範囲の中で、次の事項を満たす環境方針を確立し、実施し、維持しなければならない。
a) 組織の目的、並びに組織の活動、製品及びサービスの性質、規模及び環境影響を含む組織の状況に対して適切である。
b) 環境目標のための枠組みを示す。
c) 汚染の予防、及び組織の状況に関連するその他の固有なコミットメントを含む、環境保護に対するコミットメントを含む。
注記　環境保護に対するその他の固有なコミットメントには、持続可能な資源の利用、気候変動の緩和及び気候変動への適応、並びに生物多様性及び生態系の保護を含み得る。
d) 組織の順守義務を満たすことへのコミットメントを含む。
e) 環境パフォーマンスを向上させるための環境マネジメントシステムの継続的改善へのコミットメントを含む。
環境方針は、次に示す事項を満たさなければならない。
――文書化した情報として維持する。
――組織内に伝達する。
――利害関係者が入手可能である。

【大学の例】
5.2　環境方針
　理事長は、本学の環境マネジメントの定められた適用範囲の中で、次の事項を満たす環境方針を確立し、実施し、維持する。
a) 本学の目的、並びに本学の活動、製品及びサービスの性質、規模及び

環境影響を含む本学の状況に対して適切である。
b) 環境目標のための枠組みを示す。
c) 汚染の予防、及び本学の状況に関連するその他の固有なコミットメントを含む、環境保護に対するコミットメントを含む。
d) 本学の順守義務を満たすことへのコミットメントを含む。
e) 環境パフォーマンスを向上させるための環境マネジメントシステムの継続的改善へのコミットメントを含む。

環境方針は学内の所定の場所に掲示すると共に大学ホームページで公表する。

K大学　環境方針

1．基本理念

21世紀は環境の世紀である。

人類が未来に向かって共存共栄を享受するため、世界の人々は、地球温暖化対策、省資源・省エネルギー対策の具体的な取り組みに邁進しなければならない秋（とき）を迎えている。

このような状況の中で近時我が国においては、産官学を含め国民を挙げて環境問題に対する積極的な対応が進められている。その一環として国内企業においては環境への配慮を企業運営の主要な基本に掲げ、商品開発においても環境負荷を最小限に食い止める努力が払われている。家庭生活においても5R（Refuse・Reduce・Reuse・Repair・Recycle）運動が推進され、環境配慮商品が歓迎されている。こうした最中、東日本大震災に遭遇し、原子力発電稼働停止に伴う代替エネルギー問題が発生し、環境問題の重要性が改めて認識されることとなった。今後、引き続き我が国が環境先進国として世界を先導する役割を果たしていくためには、国民一人一人の環境への意識改革、実践的活動に一層真剣に取り組むことが不可欠である。

K大学においては、創設以来、全国に先駆け「環境文化学科」を設置し、さらにこれを総合社会学科に発展させ、環境と文化の関わり、即ち環境と政治、行政、経済、企業活動、生活、歴史文化などとの関係をテーマとして掲げ、教育研究活動を続けている。

こうした活動を通じて、大学において環境問題に実践的に取り組むとともに、国民・地域住民の環境問題に対する意識改革を促進し、大学としての役割をはたしていく。

2．基本方針

（1）大学の教育研究活動を一層活発化し、その成果を学内はもとより、学外に積極的に発信する。

（2）環境関連法令及び法令に基づく諸規制及び本学が同意するその他の要求事項を順守する。

（3）大学キャンパスにおける環境負荷低減、環境汚染防止活動の推進を行うため、その中心となる教職員・学生の意識の一層の向上を図り、実践活動を活発化する。その際、地域活動の促進協力を行う。

（4）キャンパス内の日常活動においては、省資源、省エネルギー、グリーン購入・廃棄物の減量・再資源化に積極的に取り組み、環境負荷の低減に努める。

（5）内部環境監査を定期的に実施し、環境マネジメントシステムの見直し、継続的改善を図る。

これらの「環境方針」を、学園に設置されているECO対策推進本部を通じて着実に実行する。

平成30年4月1日

学校法人K学園

理事長　〇〇〇〇

5.3　組織の役割、責任及び権限

トップマネジメントは、関連する役割に対して責任及び権限を割り当て、組織内に伝達されることを確実にしなければならない。

トップマネジメントは、次の事項に対して、責任及び権限を割り当てなければならない。

a) 環境マネジメントシステムが、この規格の要求事項に適合することを確実にする。

b) 環境パフォーマンスを含む環境マネジメントシステムのパフォーマンスをトップマネジメントに報告する。

【大学の例】
5.3　役割、責任及び権限
1．理事長は、環境マネジメントシステムが、この規格の要求事項に適合することを確実にすると共に次に示す責任及び権限を割り当てる。
（1）学長
　　（a）理事長を補佐する。
（2）環境管理責任者
　　（a）ISO14001 規格に従って、環境マネジメントシステムの要求事項が確立され、実施され、かつ維持されることを確実にする。
　　（b）環境マニュアルの作成と改訂を承認する。
　　（c）レビューのため及び環境マネジメントシステムの改善の基礎として、環境管理委員会に環境マネジメントシステムのパフォーマンスを報告する。
　　（d）環境目的・目標の実施計画を承認する。
　　（e）環境教育の実施計画を承認する。
　　（f）内部監査で発見された不適合の是正処置を指示し、処置結果を承認する。
　　（g）不適合の是正処置及び予防処置を指示し、実施した処置の有効性をレビューし、処置結果を承認する。
（3）事務局長
　　（a）環境管理責任者を補佐する。
（4）実務担当教員
　　（a）環境側面を抽出し、著しい環境側面を特定する。
　　（b）環境目標を設定し、実施計画を作成する。
　　（c）環境教育を策定し実施する。
　　（d）緊急事態及び事故の対応手順を定める。
　　（e）内部監査を計画し、統轄する。
　　（f）内部監査で発見された不適合の是正処置を行う。
　　（g）監視及び測定を実施する。
2．環境管理委員会
（1）役割

(a) マネジメントレビュー会議に情報の報告を行い、関係各部へ情報を周知して、環境管理活動の円滑な推進を図る。
(b) 環境情報の収集・伝達及び利害関係者からの要望や苦情への対応を行う。
(c) 利害関係者への環境方針の窓口となる。

(2) 構成

(a) 委員会は、理事長、学長、環境管理責任者、事務局長、実務担当教員、学科代表、事務局をもって構成する。
(b) 委員会の会長は、理事長とする。
(c) 事務局は総務・企画課とする。

(3) 運営

(a) 少なくとも4か月に1回、環境管理委員会を開催する。
(b) 内部監査責任者（実務担当教員）は、監査結果の事項について報告する。
(c) 環境管理責任者はマネジメントレビュー会議で情報や課題を報告する。
(d) 理事長は、審議案件に関する評価を行い、レビューを指示する。
(e) 議事録は事務局が作成する。

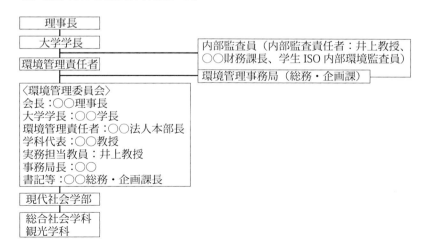

図1　環境マネジメントシステムに関する本学の体制

> 6　計画
> 6.1　リスク及び機会への取組み
> 6.1.1　一般
> 　組織は、6.1.1～6.1.4に規定する要求事項を満たすために必要なプロセスを確立し、実施し、維持しなければならない。
> 　環境マネジメントシステムの計画を策定するとき、組織は、次のa)～c)を考慮し、
> a)　4.1に規定する課題
> b)　4.2に規定する要求事項
> c)　環境マネジメントシステムの適用範囲
> 次の事項のために取り組む必要がある、環境側面（6.1.2参照）、順守義務（6.1.3参照）並びに4.1及び4.2で特定したその他の課題及び要求事項に関連する、リスク及び機会を決定しなければならない。
> ――環境マネジメントシステムが、その意図した成果を達成できるという確信を与える。
> ――外部の環境状態が組織に影響を与える可能性を含め、望ましくない影響を防止又は低減する。
> ――継続的改善を達成する。
> 　組織は、環境マネジメントシステムの適用範囲の中で、環境影響を与える可能性のあるものを含め、潜在的な緊急事態を決定しなければならない。
> 　組織は、次に関する文書化した情報を維持しなければならない。
> ――取り組む必要があるリスク及び機会
> ――6.1.1～6.1.4で必要なプロセスが計画どおりに実施されるという確信を持つために必要な程度の、それらのプロセス

【大学の例】

6　計画

6.1　リスク及び機会への取組み

6.1.1　一般

　本学は、6.1.1～6.1.4に規定する要求事項を満たすために必要なプロセスを確立し、実施し、維持する。

　環境マネジメントシステムの計画を策定するとき、本学は、次のa)～

c) を考慮する。
    a) 4.1 に規定する課題
    b) 4.2 に規定する要求事項
    c) 環境マネジメントシステムの適用範囲

　本学は、環境側面（6.1.2 参照）、順守義務（6.1.3 参照）並びに 4.1 及び 4.2 で特定したその他の課題及び要求事項に関して、以下のために取り組む必要があるリスク及び機会を決定する。
——環境マネジメントシステムが、その意図した成果を達成できるという確信を与える。
——外部の環境状態が本学に影響を与える可能性を含め、望ましくない影響を防止又は低減する。
——継続的改善を達成する。

　本学は、環境マネジメントシステムの適用範囲の中で、環境影響を与える可能性のあるものを含め、潜在的な緊急事態を決定する。この潜在的な緊急事態は、SWOT 分析で明らかにした「地震あるいは失火による火災（火災による大気汚染や火災によって生じた廃棄物）」とする。

　本学は、次に関する文書化した情報を維持する。
——取り組む必要があるリスク及び機会、この情報は次に示す SWOT 分析で表す。

・リスク及び機会を決定する方法として、SWOT 分析を行う。
・リスク及び機会の定義：潜在的で有害な影響（脅威）及び潜在的で有益な影響（機会）
・SWOT 分析とは、組織の内的要因と組織を取り巻く外的要因から、現状のビジネス環境を分析するためのフレームワークの事である。強み（Strength）、弱み（Weakness）、機会（Opportunity）、脅威（Threat）の 4 つの言葉の頭文字をとって短縮化した言葉「SWOT 分析」である。強みと弱みは内的要因、機会と脅威は外的要因を考える。内的要因とは組織が制御できるものであり、外的要因とは組織が制御できないものである。

	強み（Strength）	弱み（Weakness）
内部要因	・内部環境監査員（学生）による昼休みのトイレ・教室巡回による空調・照明の電源OFF実施 ・月1回の学生・教員による校舎近辺の地域清掃 ・ディマンドコントロールによる電気使用量抑制	学生の通学路におけるたばこのポイ捨てに伴う廃棄物増加 ・ヒューマンエラーによる環境法違反
	機会（Opportunity）	脅威（Threat）
外部要因	・少子化による入学生縮小に伴う使用教室の減少による電気使用量減少、コピー枚数減少	・地震や火災（火災による大気汚染や地震・火災によって生じた廃棄物）

○機会はStrengthとOpportunityから選ぶものとする。その結果として次の2点とする。
 ① 内部環境監査員の育成
 ② 地域清掃
○リスクはWeaknessとThreatから選ぶものとする。その結果として次の1点とする。
 ① 地震・火災等によって生じる大気汚染・廃棄物（地震・火災によって生じる廃棄物）増加（注：これは、緊急事態と同一内容である。）
○リスクと機会は現在のところ上記のものとする。しかし、環境管理委員会及びマネジメントレビュー会議によって今後とも議論するものとする。

> 6.1.2 環境側面
> 組織は、環境マネジメントシステムの定められた適用範囲の中で、ライフサイクルの視点を考慮し、組織の活動、製品及びサービスについて組織が管理できる環境側面及び組織が影響を及ぼすことができる環境側面、並びにそれらに伴う環境影響を決定しなければならない。
> a) 変更。これには計画した又は新規の開発、並びに新規の又は変更された活動、製品及びサービスを含む。
> b) 非常時の状況及び合理的に予見できる緊急事態

組織は、設定した基準を用いて、著しい環境影響を与える又は与える可能性のある側面（すなわち、著しい環境側面）を決定しなければならない。
　組織は、必要に応じて、組織の種々の階層及び機能において、著しい環境側面を伝達しなければならない。
　組織は、次に関する文書化した情報を維持しなければならない。
——環境側面及びそれに伴う環境影響
——著しい環境側面を決定するために用いた基準
——著しい環境側面
注記　著しい環境側面は、有害な環境影響（脅威）又は有益な環境影響（機会）に関連するリスク及び機会をもたらし得る。

参考：環境側面の特定について（附属書Aを参考に著者加筆）
　1）　組織が環境側面を特定する際に考慮すべき事項として、
　　・大気系への放出
　　・水系への排出
　　・土地への排出
　　・原材料及び天然資源の使用
　　・エネルギーの使用
　　・放出エネルギー、例えば、熱、放射、振動（騒音）、光
　　・廃棄物及び副産物
　　・物理的属性、例えば、大きさ、形、色、外観
　　・空間の使用
等がある。
　2）　また、組織の活動、製品及びサービスに関係する側面で考慮することが望ましい事項として、
　　・設計及び開発：（燃費の少ないエンジンの開発など）
　　・製造プロセス：（効率のよいプロセスの開発など）
　　・包装及び輸送：（包装の簡略化など）
　　・請負者及び供給者の、環境パフォーマンス及び業務慣行：（外注作業、重油受け入れなど）
　　・廃棄物管理：（廃棄物の減量、リサイクル、適正な業者選択など）
　　・原材料及び天然資源の採取及び運搬：（再生可能な原材料への

切り替えなど）
　　――製品の流通、使用、及び使用後の処理：（流通の合理化、使用後製品のリユース、リサイクルなど）
　　――野生生物及び生物多様性：（例：生物が棲息出来る護岸工事の立案など）
　3) さらに、環境側面の特定に関して、
　　・緊急事態及び事故
　　・通常の操業状況
　　・非通常の操業状況
　　・操業の停止及び立ち上げの状況
に考慮するとよい。緊急事態及び事故に関しては、「8.2 緊急事態への準備及び対応」における「必要なプロセスを確立し、実施し、維持」する対象として取り扱うことになる。

【大学の例】
6.1.2　環境側面
　K大学は著しい環境影響を持つか又は持ちうる環境側面を決定するために、本学が管理できる環境側面、及び本学が影響を及ぼすことができる環境側面を特定する手順を以下に定め、実施し、維持する。その際に、計画された開発や新規の開発、又は新規や変更された活動、製品及びサービスが生じた場合は、環境影響表に記載する。
1．環境側面の抽出
（1）実務担当教員は、本学が管理する事業活動、製品及びサービスに伴う環境側面を抽出し、「環境影響評価表」に記載する。環境側面の抽出は、有益・有害を問わず抽出する。
（2）有害な環境側面は投入、排出、産出の各段階で環境側面を抽出し、「環境影響評価表」に記載する。
投入：事業活動に伴って消費されるもの（例…原材料、部品、製品、燃料、電気、水道等）
排出：事業活動に伴って出てくる不要物（例…廃棄物、排水、排気ガス、騒音、臭気等）
産出：事業活動で生み出される有用物（例…学生内部監査員、研究論文、

出版物等）
2．環境影響評価と著しい環境側面の特定
　実務担当教員は、抽出された環境側面について、次の手順で環境影響評価を行う。なお、有益な環境側面については環境リスクによる評価は行わず、全て著しい環境側面とし、環境情報による評価のみ行う。
（1）環境リスクによる評価
　（a）表1に示す環境影響評価発生の可能性及び結果の重大性による評価基準に従って、抽出された各々の環境側面に評点をつけ、環境影響評価を次式で求める。
　［環境影響評価点］＝［発生の可能性 a］＋［結果の重大性 b］
　（b）環境影響評価点は、$a+b \geqq 5$ となる環境側面を著しい環境側面として特定する。
（2）学内外の環境情報による評価
抽出された環境側面が次の事項に該当する場合、著しい環境側面として特定する。
　（a）法規則（法令、地方条例）があるもの。
　（b）その他の要求事項（地方自治体との公害防止協定、地域住民との合意書、業界基準等）があるもの。
　（c）利害関係者の見解（苦情、要望、高い関心等）があるもの。
　（d）事業上の要求事項（学校方針、事業方針等）があるもの。
　（e）運用上の要求事項
（3）特定された著しい環境側面は、「環境影響評価表」に明記し、環境管理責任者の承認を得る。
（4）実務担当教員は、環境マネジメントシステムを確立し、実施し、維持する上で、特定された著しい環境側面が確実に考慮されていることを確認する。
3．環境側面のレビュー
（1）実務担当教員は、環境側面の定期評価を年度末に行う。また以下の要因により環境側面にレビューの必要が生じた場合、再評価を行い、情報を最新のものとし、記録する。

(a) 法的及その他の要求事項の変更
  (b) 事業活動の変更（新規事業の開始、事業の拡大・縮小・廃止等）
  (c) 新たな方針の導入
  (d) 緊急事態及び事故の発生
  (e) 目的・目標達成後の措置

（2）実務担当教員は、環境側面のレビューを行い、環境管理責任者の承認を得る。

表1　環境影響発生の可能性と結果の重大性

評点	環境影響発生の可能性
	定常時における評価
3大	①再資源化が困難である。 ②通常の事業活動下で発生の可能性が非常に高い。 ③通常の事業活動下で週に1回程度発生する。 通常の事業活動下で大量に排出される。
2中	①再資源化が一部可能である。 ②通常の事業下で発生の可能性がある。 ③通常の事業活動下で月に1回程度発生する。 通常の事業下で排出されるが、量的に少ない。
1小	①100%近い再資源化が可能である。 ②通常の事業活動下で発生の可能性はほとんどない。 ③通常の事業活動下で年1回程度発生する。 通常の事業活動下ではほとんど排出されない。
評点	結果の重大性
3大	①周辺地域の環境に影響を与える可能性が非常に高い。 ②人の健康、安全を脅かす可能性が非常に高い。 ③資源の枯渇につながる可能性が非常に高い。 ④利害関係者から苦情等が発生する可能性が非常に高い。
2中	①周辺地域の環境に影響を与える可能性がある。 ②人の健康、安全を脅かす可能性がある。 ③資源の枯渇につながる可能性がある。 ④利害関係者から苦情等が発生する可能性がある。

1小	①周辺地域の環境に影響を与える可能性は非常に低い。 ②人の健康、安全を脅かす可能性は極めて低い。 ③資源の枯渇につながる可能性は非常に低い。 ④利害関係者から苦情が発生する可能性は極めて低い。

> 6.1.3　順守義務
> 組織は、次の事項を行わなければならない。
> a) 組織の環境側面に関する順守義務を決定し、参照する。
> b) これらの順守義務を組織にどのように適用するかを決定する。
> c) 環境マネジメントシステムを確立し、実施し、維持し、継続的に改善するときに、これらの順守義務を考慮に入れる。
> 組織は、順守義務に関する文書化した情報を維持しなければならない。
> 注記　順守義務は、組織に対するリスク及び機会をもたらし得る。

【大学の例】
6.1.3　順守義務
　本学は、事業活動又は製品の環境側面に可能な、法的要求事項及び本学が同意するその他の要求事項を特定し、参照できるような手順を以下に定め、確立し、実施し、維持する。
1．法的及びその他の要求事項の特定
（1）環境管理事務局は、本学に適用される環境関連の法規制（国の法律、地方自治体の条例）及びその他の要求事項（地方自治体との公害防止協定、地域住民との合意書）の要求内容を特定し、「法的及びその他の要求事項一覧表／評価表」記載する。
（2）これらの要求事項は本学の環境側面に環境影響評価を実施するときに適用する。
2．環境マネジメントシステムへの適用
　環境管理責任者は、環境マネジメントシステムを確立し、実施し、維持する上でこれらの適用可能な法的要求事項及び本学が同意するその他の要求事項を確実に考慮に入れる。
3．最新版の管理

（1）環境管理委員会は、法律、条令などの発行、改正、廃止の都度、関係官公庁・団体、関連雑誌などから最新版を入手し、本学に関連する変更点がある場合は、「法的及びその他の要求事項一覧表／評価表」の当該箇所を改訂する。これには実務担当教員が前期と後期に各1回、インターネット等により調査し、「法的及びその他の要求事項一覧表／評価表」に記録を残す。

（2）環境管理委員会は、設備や建物の新設、増設、改廃の都度、「法的その他の要求事項一覧表」をレビューし、必要に応じて改訂する。

6.1.4　取組の計画策定
組織は、次の事項を計画しなければならない。
a) 次の事項への取組み
　1) 著しい環境側面
　2) 順守義務
　3) 6.1.1 で特定したリスク及び機会
b) 次の事項を行う方法
　1) その取組の環境マネジメントシステムプロセス（6.2、箇条7、箇条8 及び 9.1 参照）又は他の事業プロセスへの総合及び実施
　2) その取組みの有効性の評価（9.1 参照）
これらの取組みを計画するとき、組織は、技術上の選択肢、並びに財務上、運用上及び事業上の要求事項を考慮しなければならない。

【大学の例】

6.1.4　取組の計画策定
　本学は、次の事項を計画する。
a) 次の事項への取組み
　1) 著しい環境側面
　2) 順守義務
　3) 6.1.1 で特定したリスク及び機会
b) 次の事項を行う方法
　1) その取組の環境マネジメントシステムプロセス（6.2、箇条7、箇条8 及び 9.1 参照）又は他の事業プロセスへの総合及び実施

2）その取組みの有効性の評価（9.1 参照）

これらの取組みを計画するとき、本学は、技術上の選択肢、並びに財務上、運用上及び事業上の要求事項を考慮する。

6.2　環境目標及びそれを達成するための計画策定
6.2.1　環境目標
　組織は、組織の著しい環境側面及び関連する順守義務を考慮に入れ、かつ、リスク及び機会を考慮し、関連する機能及び階層において、環境目標を確立しなければならない。
　環境目標は、次の事項を満たさなければならない。
a)　環境方針と整合している。
b)　（実行可能な場合）測定可能である。
c)　監視する。
d)　伝達する。
e)　必要に応じて、更新する。
組織は、環境目標に関する文書化した情報を維持しなければならない。

【大学の例】
6.2.1　環境目標
　本学は、以下の手順に従って文書化された環境目標を設定し、実施し、維持する。
1．環境目標の設定
（1）実務担当教員は、環境目標を設定するときは著しい環境側面、適用可能な法的要求事項及び本学が同意するその他の要求事項の順守義務、リスク及び機会を考慮する。また環境目標は次の事項を満たすように作成する。
　a）環境方針と整合している。
　b）測定可能である。
　c）監視する。
　d）伝達する。
　e）必要に応じて更新する。
（2）実務担当教員は、特定された著しい環境側面について、環境目標を

設定するための優先付けを行いその結果を「環境影響評価表」に記載する。
（3）優先順位付けは、技術上の選択肢及び財政を考慮し、技術上の選択肢については改善の容易性の要素を、財政上の要求事項については経済性の要素を用いて評価する（表2参照）。評価点合計が7点以上をランクA、6点以下をランクBとする。
（4）実務担当教員は、ランクAの環境側面について適切と認めたものに環境目的・目標を設定する。ランクBについては、維持管理を行う。
（5）環境目的は、中期の視点から決定し、環境目標は、原則的として1年後のあるべき姿を具体的な数値として示す。
（6）環境管理責任者は、実務担当教員が定めた環境目標を「環境目標一覧表」にとりまとめ、理事長の承認を得るとともに関係部署に周知する。
2．環境目標のレビュー
（1）実務担当教員は、原則として毎年3月に環境目的・目標のレビューを行い、必要に応じて改訂をおこなう。
（2）実務担当教員は、以下の事項が生じた場合は、都度レビュー及び改訂を行う。
　（a）1．環境目標の設定（1）に掲げる事項に変化があり、不適合が生じた場合。
　（b）内部監査などで不適合の指摘を受けた場合。

表2　環境目的及び目標設定のための評価

要素	評点	基準	
改善の容易性	5	極めて容易	技術的な問題がなくすぐに改善できる
	4	容易	①　学内に適用可能な技術がある ②　学内に改善の実績がある
	3	中程度	①　学外に適用可能な技術がある ②　学内に改善の実績がない ③　改善効果がわからない
	2	困難	①　学外に関連の技術はあるが本学への適用は困難 ②　改善効果が期待できない

経済性	1	極めて困難	① 学内外に適用可能な技術がない ② 技術的に開発段階である
	5	極めて良い	① 費用が安く、特別の予算措置を必要としない ② 投資効果が期待できる
	4	良い	① 予算措置は必要だが比較的安い費用でできる
	3	中程度	① 年度投資計画への計上が必要である
	2	悪い	① 費用が高く、中長期の予算措置が必要である
	1	極めて悪い	① 費用が巨額であり、当面実施不可

6.2.2 環境目標を達成するための取組みの計画策定
　組織は、環境目標をどのように達成するかについて計画するとき、次の事項を決定しなければならない。
a) 実施事項
b) 必要な資源
c) 責任者
d) 達成期限
e) 結果の評価方法。これには、測定可能な環境目標の達成に向けた進捗を監視するための指標を含む。(9.1.1 参照)
組織は、環境目標を達成するための取組みを組織の事業プロセスにどのように統合するかについて、考慮しなければならない。

【大学の例】
6.2.2　環境目標を達成するための取組みの計画策定
　本学は、環境目標を達成するための実施計画を以下の手順に従って策定し、実施し、維持する。
(1) 実施計画の策定
①実務担当教員は、環境目標に対応した実施計画を原則として毎年3月に策定し、環境管理責任者の承認を得る。
②実施計画には次の事項を明確にする。

a）実施事項
b）必要な資源
c）責任者
d）達成期限
e）結果の評価方法

（2）実施計画の維持

① 実施計画の実行責任者（実務担当教員）は、実施計画に定められたスケジュールに従って、環境目標達成のための実施項目を実行する。

② 実務担当教員は、月末に環境管理責任者に実施計画の達成状況を報告する。環境管理責任者は環境管理委員会の場で3か月に1回実施計画の達成状況を報告する。

（3）実施計画のレビュー

① 実務担当教員は、原則として毎年3月、又は次の事項が生じた場合、都度、実施計画のレビューを行う。

　（a）事業活動の変更（新規事業の開始、事業の拡大・縮小・廃止等）により、実施計画の該当部分に改訂の必要が生じた場合
　（b）予期せぬ事態により実施計画と著しく乖離(かいり)した場合
　（c）環境方針、環境目標を変更した場合

② レビューの結果、変更された実施計画は、環境管理責任者の承認を得る。

7　支援
7.1　資源
組織は、環境マネジメントシステムの確立、実施、維持及び継続的改善に必要な資源を決定し、提供しなければならない。

【大学の例】

7.1　資源

　本学は、環境マネジメントシステムの確立、実施、維持及び継続的改善に必要な資源を決定し、提供する。

> 7.2 力量
> 組織は次の事項を行わなければならない。
> a) 組織の環境パフォーマンスに影響を与える業務、及び順守義務を満たす組織の能力に影響を与える業務を組織の管理下で行う人（又は人々）に必要な力量を決定する。
> b) 適切な教育、訓練又は経験に基づいて、それらの人々が力量を備えていることを確実にする。
> c) 組織の環境側面及び環境マネジメントしシステムに関する教育訓練のニーズを決定する。
> d) 該当する場合には、必ず、必要な力量を身に付けるための処置をとり、とった処置の有効性を評価する。
> 注記　適用される処置には、例えば、現在雇用している人々に対する、教育訓練の提供、指導の実施、配置転換の実施などがあり、また、力量を備えた人々の雇用、そうした人々との契約締結などもあり得る。
> 組織は、力量の証拠として、適切な文書化した情報を保持しなければならない。

【大学の例】

7.2　力量

1．現在のところ本学における「組織の環境パフォーマンスに影響を与える業務、及び順守義務を満たす組織の能力に影響を与える業務」は「内部環境監査作業」及び「産業廃棄物管理」とする。

・内部環境監査員の力量は、授業科目「環境マネジメント」と授業科目「環境マネジメント実習」の2科目合格者又は前者の合格者で後者の履修中の者をもって担保する。

・産業廃棄物管理は総務担当者が行う。産業廃棄物管理担当者の力量は、実務担当教員が指導教育することにより担保する。

2．教育訓練のニーズに伴う教育訓練

　実務担当教員は、その環境側面及び環境マネジメントシステムに関する教育訓練のニーズを明確にし、そのようなニーズを満たすために本学の教職員並びに本学のために働く職員に対し必要な一般教育に関する「教育

訓練計画書」を毎年3月に作成し実施するか、又はその他の処置をとる。年度末のマネジメントレビューまでに、これらの処置の有効性を評価する。実務担当教員は、これらの教育訓練の記録を保持する。

○関連文書・記録
・年度教育訓練計画書（様式442）
・教育訓練実施記録（様式442-1）

> 7.3 認識
> 　組織は、組織の管理下で働く人々が次の事項に関して認識をもつことを確実にしなければならない。
> a) 環境方針
> b) 自分の業務に関係する著しい環境側面及びそれに伴う顕在する又は潜在的な環境影響
> c) 環境パフォーマンスの向上によって得られる便益を含む、環境マネジメントシステムの有効性に対する自らの貢献
> d) 組織の順守義務を満たさないことを含む、環境マネジメント要求事項に適合しないことの意味

【大学の例】

7.3 認識

実務担当教員は、本学の教職員並びに本学のために働く職員に対し次の事項を認識させる教育を実施する。

a) 環境方針
b) 自分の業務に関係する著しい環境側面及びそれに伴う顕在する又は潜在的な環境影響
c) 環境パフォーマンスの向上によって得られる便益を含む、環境マネジメントシステムの有効性に対する自らの貢献
d) 組織の順守義務を満たさないことを含む、環境マネジメント要求事項に適合しないことの意味

> 7.4 コミュニケーション
> 7.4.1 一般
> 　組織は、次の事項を含む、環境マネジメントシステムに関連する内部及び外部のコミュニケーションに必要なプロセスを確立し、実施し、維持しなければならない。
> a)　コミュニケーションの内容
> b)　コミュニケーションの実施時期
> c)　コミュニケーションの対象者
> d)　コミュニケーションの方法
> コミュニケーションプロセスを確立するとき、組織は次の事項を行わなければならない。
> ——順守義務を考慮に入れる。
> ——伝達される環境情報が、環境マネジメントシステムにおいて作成される情報と整合し、信頼性があることを確実にする。
> 　組織は、環境マネジメントシステムについての関連するコミュニケーションに対応しなければならない。
> 　組織は必要に応じて、コミュニケーションの証拠として、文書化した情報を保持しなければならない。

【大学の例】
7.4.1　一般
　本学は、次の事項を含む、環境マネジメントシステムに関連する内部及び外部のコミュニケーションに必要なプロセスを確立し、実施し、維持しなければならない。
- a)　コミュニケーションの内容
- b)　コミュニケーションの実施時期
- c)　コミュニケーションの対象者
- d)　コミュニケーションの方法

コミュニケーションプロセスを次の事項を行い確立する。
—— 順守義務を考慮に入れる。
—— 伝達される環境情報が、環境マネジメントシステムにおいて作成される情報と整合し、信頼性があることを確実にする。

本学は、環境マネジメントシステムについての関連するコミュニケーションに対応する。

本学は、コミュニケーションの証拠として、文書化した情報を保持する。

7.4.2　内部コミュニケーション
組織は次の事項を行わなければならない。
a) 必要に応じて、環境マネジメントシステムの変更を含め、環境マネジメントシステムに関連する情報について、組織の種々の階層及び機能間内部コミュニケーションを行う。
b) コミュニケーションプロセスが組織の管理下で働く人々の継続的改善への寄与を可能にすることを確実にする。

【大学の例】
7.4.2　内部コミュニケーション
（1）学内から寄せられた環境情報の入手者は、その情報を実務担当教員にその情報を伝達する。
（2）実務担当教員は、入手した環境情報を必要に応じて回覧などで種種の階層及び各部署に伝達するとともに、入手情報の内容、対応状況等を「環境情報記録」に記録し、環境管理責任者に報告する。これらの内容は環境管理委員会で報告される。
（1）（2）を通して本学の管理下で働く人々の継続的改善への寄与を可能にすることを確実にする。

7.4.3　外部コミュニケーション
組織は、コミュニケーションプロセスによって確立したとおりに、かつ、順守義務による要求に従って、環境マネジメントシステムに関連する情報について外部コミュニケーションを行わなければならない。

【大学の例】
7.4.3　外部コミュニケーション
（1）地域住民、自治体などの外部の利害関係者からの苦情、要望、賞賛、問い合わせ等の環境情報（外部情報）は、環境管理責任者が受付け、対応

し、「環境情報記録」に記録する。
（2）環境管理責任者は、寄せられた外部情報に関して、外部コミュニケーションを行うかどうかを環境管理委員会で協議し、理事長の判断を仰ぐ。
（3）環境管理責任者は、著しい環境側面に関する外部コミュニケーションに関して、社会に対して有益な情報や環境汚染を及ぼす危険性があるものについては、本学のホームページや報告書などを通じて、環境管理委員会で協議し理事長の承認を経て公開する。
（4）環境管理責任者は公開した情報を「環境情報記録」に記録する。

> 7.5 文書化した情報
> 7.5.1 一般
> 組織の環境マネジメントシステムは、次の事項を含まなければならない。
> a) この規格が要求する文書化した情報
> b) 環境マネジメントシステムの有効性のために必要であると組織が決定した、文書化した情報
> 注記　環境マネジメントシステムのための文書化した情報の程度は、次のような理由によって、それぞれの組織で異なる場合がある。
> ――組織の規模、並びに活動、プロセス、製品及びサービスの種類
> ――順守義務を満たしていることを実証する必要性
> ――プロセス及びその相互作用の複雑さ
> ――組織の管理下で働く人々の力量

【大学の例】
7.5.1 一般
（1）本学の環境マネジメントシステムの文書体系を下記に示す。

階層	種類	内容
一次文書 （パソコン作成・管理）	環境マニュアル	環境マネジメントシステム（EMS）の主要な要素、それらの相互作用を示した基本的な文書
	環境方針	経営者が宣言した環境に関する組織全体の方向付けを示す文書

二次文書 （パソコン 作成・管理）	手順書 記録の様式 記録一覧表	EMSを運営管理する基本となる文書。環境上の基準・方法
	外部文書	環境に関する外部の法令条例、行動指針、協定書、規格など
三次文書 （紙媒体）	記録	EMSの効果的運営、継続的改善などを実証する証拠

2．環境マニュアル、手順書
（1）環境マニュアルとは、本学の環境マネジメントシステムの主要な要素（ISO14001の各要求事項を含む）及びその相互作用を示したもので、本学において環境を管理する際の基本となる文書である。
（2）環境マニュアル、手順書は、実務担当教員が作成し、環境管理責任者の承認を得る。

7.5.2　作成及び更新
文書化した情報を作成及び更新する際、組織は、次の事項を確実にしなければならない。
a)　適切な識別及び記述（例えば、タイトル、日付、作成者、参照番号）
b)　適切な形式（例えば、言語、ソフトウェアの版、図表）及び媒体（例えば、紙、電子媒体）
c)　適切性及び妥当性に関する、適切なレビュー及び承認

【大学の例】
7.5.2　作成及び更新
（1）文書は、日本語で原則とし、簡潔で読みやすく、制定日・改定日及び文書番号を付して、容易に識別できるものとする。パソコンで作成・管理する。
（2）文書は発行前に、環境管理責任者が適切かどうかの観点から文書を承認する。
（3）実務担当教員は、環境監査の実施時期などに合わせて定期的（1回

／年）に文書のレビューを行い、必要に応じて更新し、環境管理責任者が再承認する。

> 7.5.3　文書化した情報の管理
> 　環境マネジメントシステム及びこの規格で要求されている文書化した情報は、次の事項を確実にするために、管理しなければならない。
> a)　文書化した情報が、必要なときに、必要なところで、入手可能かつ利用に適した状態である。
> b)　文書化した情報が十分に保護されている（例えば、機密性の喪失、不適切な使用及び完全性の喪失からの保護）。
> 　文書化した情報の管理に当たって、組織は、該当する場合には、必ず、次の行動に取り組まなければならない。
> ——配布、アクセス、検索及び利用
> ——読みやすさが保たれることを含む、保管及び保存
> ——変更の管理（例えば、版の管理）
> ——保持及び廃棄
> 　環境マネジメントシステムの計画及び運用のために組織が必要と決定した外部からの文書化した情報は、必要に応じて識別し、管理しなければならない。
> 　注記　アクセスとは、文書化した情報の閲覧だけの許可に関する決定、又は文書化した情報の閲覧及び変更の許可及び権限に関する決定を意味し得る。

【大学の例】

7.5.3　文書化した情報の管理

　本学の環境マネジメントシステム及びこの規格で要求されている文書化した情報は、以下に従って管理される。

a)　文書化した情報は、各自のパソコンのイントラネットの共通ホルダーに入れられており、各自が閲覧可能である。

b)　共通ホルダーには、常に最新版が置かれている。様式をコピーするときは必ず共通ホルダーから様式をコピーし、旧様式の誤使用を防がなくてはならない。

　文書化した情報の管理に当たって、本学は、該当する場合には、必ず、

次の行動に取り組まなければならない。
　c)　記録の管理
　本学は、紙媒体の記録の識別、保管、保護、検索、保管期間のための手順を次に定め、実施し、維持する。
（1）当該マニュアルをはじめとする環境マネジメントシステム文書に定められているとおりに業務を行っていることを立証する記録を作成、保管する。
（2）記録は、環境マネジメントシステムの実施及び運用に必要な情報も記録に含めるものとする。
（3）記録は、読みやすく、識別可能であり、環境目的・目標の達成度が確認でき、関連した活動などへの追跡が可能なものとする。
（4）環境事務局は、記録の保管責任者、保管期間、及び保管場所などを定めた「記録一覧表」を作成し、これを管理する。
（5）「記録一覧表」に記載された保管責任者は、記録であることを識別したファイルに当該記録を種類別に区分し、検索しやすいように見出しを付け、保管期間を明示して、損傷、劣化及び紛失しないように保管する。
（6）実務担当教員は、「記録一覧表」に記載された保管期間を経過した記録を破棄する。

8　運用
8.1　運用の計画及び管理
　組織は、次に示す事項の実施によって、環境マネジメントシステム要求事項を満たすため、並びに 6.1 及び 6.2 で特定した取組みを実施するために必要なプロセスを確立し、実施し、管理し、かつ、維持しなければならない。
——プロセスに関する運用基準の設定
——その運用基準に従った、プロセスの管理の実施
注記　管理は、工学的な管理及び手順を含み得る。管理は、優先順位（例えば、除去、代替、管理的な対策）に従って実施されることもあり、また、個別に又は組み合わせて用いられることもある。
　組織は計画した変更を管理し、意図しない変更によって結果をレビ

> ュし、必要に応じて、有害な影響を緩和する処置をとらなければならない。
>   組織は、外部委託したプロセスが管理されている又は影響を及ぼされていることを確実にしなければならない。これらのプロセスに適用される、管理する又は影響を及ぼす方式及び程度は、環境マネジメントシステムの中で定めなければならない。
>   ライフサイクルの視点に従って、組織は、次の事項を行わなければならない。
> a) 必要に応じて、ライフサイクルの各段階を考慮して、製品又はサービスの設計及び開発プロセスにおいて、環境上の要求事項が取り込まれていることを確実にするために、管理を確立する。
> b) 必要に応じて、製品及びサービスの調達に関する環境上の要求事項を決定する。
> c) 請負者を含む外部提供者に対して、関連する環境上の要求事項を伝達する。
> d) 製品及びサービスの輸送又は配送（提供）、使用、使用後の処理及び最終処分に伴う潜在的な著しい環境影響に関する情報を提供する必要性について考慮する。
>   組織は、プロセスが計画どおりに実施されたという確信をもつために必要な程度の、文書化した情報を維持しなければならない。

【大学の例】

8　運用

8.1　運用の計画及び管理

　本学は、規格要求事項及び6.1及び6.2で特定した取り組みのためのプロセスを確立し、実施し、管理し、維持する。

1．運用管理のためのプロセス及び管理

　本学は、これらの運用を、次に示すことにより、確実に実行されるように計画する。

（1）環境方針の実行、リスク及び機会への取組み、環境目標並びに実施計画の達成、法規制等の順守及び維持管理のために必要な手順書等を作成し維持する。

（2）それらの手順書には管理基準等の必要な運用基準及び管理方法を明

記する。
（3）請負者を含む外部提供者に特定された環境上の要求事項伝達の手順を確立し、実施し、管理し、維持する。その手順を以下に示す。
　①各部署の課長が供給業者や外注委託業者に必要な手順書などを配布し、配布記録（「供給者文書配布一覧表」）をつける。
　②環境管理責任者は課長会で配布記録を回収し、確実に配布されていることを確認し、全課の一覧表（「供給者文書配布一覧表」）を作成する。
　③環境方針はインターネットを見るように依頼する。
2．ライフサイクルの視点から、今後公用車を購入するときは、PHVハイブリッドカー、電気自動車、水素自動車（燃料電池車）に限る。
3．関連文書・記録
・照明・空調機器省エネ手順書（T-001）

8.2　緊急事態への準備及び対応

　組織は、6.1.1 で特定した潜在的な緊急事態への準備及び対応のために必要なプロセスを確立し、実施し、維持しなければならない。
　組織は、次の事項を行わなければならない。
a) 緊急事態からの有害な環境影響を防止又は緩和するための処置を計画することによって対応を準備する。
b) 顕在した緊急事態に対応する。
c) 緊急事態及びその潜在的な環境影響の大きさに応じて、緊急事態による結果を防止又は緩和するための処置をとる。
d) 実行可能な場合には、計画した対応処置を定期的にテストする。
e) 定期的に、また特に緊急事態の発生後又はテストの後には、プロセス及び計画した対応処置をレビューし、改訂する。
f) 必要に応じて、緊急事態への準備及び対応についての関連する情報及び教育訓練を、組織の管理下で働く人々を含む関連する利害関係者に提供する。

　組織は、プロセスが計画どおりに実施されたという確信をもつために必要な程度の、文書化した情報を維持しなければならない。

【大学の例】
8．2　緊急事態への準備及び対応
　環境管理委員会は、環境に影響を及ぼす可能性のある事故及び緊急時を火災による大気汚染及び火災による廃棄物の産出と特定し、かつ、それに対応するための手順を確立し、実施し、維持する。
1．事故及び緊急事態発生時の対応
　実際に事故及び緊急事態が発生した時には、各部門は「危機対応マニュアル」に従って次の処置をとる。
（1）事故及び緊急事態に伴う有害な環境影響に対する予防又は緩和処置
（2）事故及び緊急事態の関連部署への連絡、あるいは外部への報告
2．事故又は緊急事態発生後の手順のレビュー及び改訂
　環境管理委員会あるいは担当部門は、下記手順を実施した後、並びに事故又は緊急事態発生後に、緊急事態への準備及び対応の手順をレビューし、改訂する。
3．手順の定期テスト
　環境管理委員会あるいは担当部門は、実行可能なものについて年1回、手順をテストする。これには学生・教職員を参加させる。テストの記録を残し、テスト後手順の見直し改訂の有無を検討する。その有効性を次回のテストで確認する。

9　パフォーマンス評価
9．1　監視、測定、分析及び評価
9．1．1　一般
組織は環境パフォーマンスを監視し、測定し、分析し、評価しなければならない。
組織は、次の事項を決定しなければならない。
a)　監視及び測定が必要な対象
b)　該当する場合には、必ず、妥当な結果を確実にするための、監視、測定、分析及び評価の方法
c)　組織が環境パフォーマンスを評価するための基準及び適切な指標
d)　監視及び測定の実施時期

> e) 監視及び測定の結果の、分析及び評価の時期
> 組織は、必要に応じて、校正された又は検証された監視機器及び測定機器が使用され、維持されていることを確実にしなければならない。
> 組織は、環境パフォーマンス及び環境マネジメントシステムの有効性を評価しなければならない。
> 組織は、コミュニケーションプロセスで特定したとおりに、かつ、順守義務による要求に従って、関連する環境パフォーマンス情報について、内部と外部の双方のコミュニケーションを行わなければならない。
> 組織は、監視、測定、分析及び評価の結果の証拠として、適切な文書化した情報を保持しなければならない。

【大学の例】
9　パフォーマンス評価
9.1　監視、測定、分析及び評価
9.1.1　一般
1．本学は環境パフォーマンスを監視し、測定し、分析し、評価する。
　本学は、次の事項を下記のように決定する。
　a) 監視及び測定が必要な対象…電気使用量・コピー使用枚数
　b) 該当する場合には、必ず、妥当な結果を確実にするための、監視、測定、分析及び評価の方法…監視：毎日、内部環境監査員候補の学生が昼休みに教室・トイレ等を巡回して消灯・温度管理を行い、記録を残す。事務部門に関しては、各課課長が責任者となり昼休み消灯・エアコンオフを徹底し、実施記録を残す。
　　電気使用量（kWh）は、電力会社からの請求書、コピー使用枚数はコピーレンタル業者からの請求書で確認する。
　c) 本学が環境パフォーマンスを評価するための基準及び適切な指標…基準は前年同月の使用量。毎月グラフ化して学内に貼り出す。昨年同月比を指標とする。
　d) 監視及び測定の実施時期…監視・測定は学生の休業期間を除いて毎日実施。事務部門は事務所が開いている全期間に実施。
　e) 監視及び測定の結果の、分析及び評価の時期…監視・測定の分析・

評価は毎月開催される環境管理委員会で行う。最終判断は学年末に実施されるマネジメントレビューで行う。

２．監視機器の校正維持

※現時点では該当する項目はないが、発生した際に実施する。

　監視及び測定に使用する機器については、その機器の使用責任者が管理し、取得するデータの信頼性確保のため、適正に校正された状態で使用する。

　環境測定を外部に依頼する時は、環境計量証明書を発行できる事業所を選択する。また、学内の機器を校正する場合には、環境管理委員会が学外の測定機器メーカーに依頼する。校正の記録は環境管理委員会事務局が保管する。

３．環境パフォーマンス及び環境マネジメントの有効性

本学は環境パフォーマンスの監視・測定・分析・評価を実施することにより、マネジメントレビュー時に環境パフォーマンス及び環境マネジメントシステムの有効性を評価する。

４．本学は環境管理委員会で協議し認められた環境パフォーマンス情報について、内部と外部の双方のコミュニケーションを行う。

9.1.2　順守評価

　組織は、順守義務を満たしていることを評価するために必要なプロセスを確立し、実施し、維持しなければならない。

　組織は、次の事項を行わなければならない。

a)　順守を評価する頻度を決定する。
b)　順守を評価し、必要な場合には、処置する。
c)　順守状況に関する知識及び理解を維持する。

　組織は、順守評価の結果の証拠として、文書化した情報を保持しなければならない。

【大学の例】

9.1.2　順守評価

　本学は、順守義務を満たしていることを評価するために必要なプロセスを確立し、実施し、維持しなければならない。

本学は、次の事項を行わなければならない。
a) 順守を評価する頻度を決定する。
b) 順守を評価し、必要な場合には、処置する。
c) 順守状況に関する知識及び理解を維持する。

本学は、順守評価の結果の証拠として、文書化した情報を保持しなければならない。

> 9.2 内部監査
> 9.2.1 一般
> 組織は、環境マネジメントシステムが次の状況にあるか否かに関する情報を提供するために、あらかじめ定めた間隔で内部監査を実施しなければならない。
> a) 次の事項に適合している。
> 　1) 環境マネジメントシステムに関して、組織自体が規定した要求事項
> 　2) この規格の要求事項
> b) 有効に実施され、維持されている。

【大学の例】

9.2.1 一般

本学は、環境マネジメントシステムが次の状況にあるか否かに関する情報を提供するために、1年に1回内部監査を実施する。
a) 次の事項に適合している。
　1) 環境マネジメントシステムに関して、本学自体が規定した要求事項
　2) この規格の要求事項
b) 有効に実施され、維持されている。

> 9.2.2 内部監査プログラム
> 組織は、内部監査の頻度、方法、責任、計画要求事項及び報告を含む。内部監査プログラムを確立し、実施し、維持しなければならない。
> 内部監査プログラムを確立するとき、組織は、関連するプロセスの

> 環境上の重要性、組織に影響を及ぼす変更及び前回までの監査の結果を考慮に入れなければならない。
> 　組織は次の事項を行わなければならない。
> a) 各監査について、監査基準及び監査範囲を明確にする。
> b) 監査プロセスの客観性及び公平性を確保するために、監査員を選定し、監査を実施する。
> c) 監査の結果を関連する管理層に報告することを確実にする。
>
> 組織は、監査プログラムの実施及び監査結果の証拠として文書化した情報を保持しなければならない。

【大学の例】
9.2.2　内部監査プログラム
　本学は、実施すべき定期内部監査のプログラム及び手順を以下に定め、実施し、維持する。
1．内部監査の計画（以下でいう内部監査責任者は実務担当教員のことである。）
（1）内部監査責任者は、本学の環境マネジメントシステムが次の (a)、(b) を満たしているかどうか決定するために、毎年、原則として1回、内部監査を計画し、実施する。
　(a) ISO14001規格の要求事項を含めて、環境マネジメントのために計画された取り決め事項に適合しているかどうか
　(b) 適切に実施され、維持されているかどうか
（2）内部監査責任者は、各業務の環境影響及び前回までの監査結果を勘案して「内部環境監査計画書」を作成する。計画書には、監査基準、監査範囲、監査日程、監査対象部門、監査員などを明示して、環境管理責任者の承認を得る。
（3）内部監査責任者は、定期的な監査だけでは環境マネジメントシステムの継続的な改善が不十分と判断した場合は、別途臨時監査を実施する。
2．監査チームの編成、監査の準備
（1）内部監査責任者は、「内部監査員リスト」から監査チームリーダー及

び監査員を選任し、監査チームを編成する。尚、監査チームリーダー及び監査員は、被監査部署に所属していない者とする。
（2）監査チームリーダーは、前回までの監査結果などを考慮し、監査の目的、範囲に沿った「内部監査チェックリスト」を準備する。
3．監査の実施
（1）内部監査は、「内部環境監査計画書」に従い、監査チームリーダーの責任と権限のもとに実行する。
（2）監査チームは、あらかじめ作成したチェックリストを利用して監査を実行し、その結果をチェックリストに記入する。
（3）監査終了後、内部監査責任者は、次の判断基準より不適合の評価を行う。
　（a）下記の項目が発見された場合、重大不適合とする。
　　①著しい環境影響があるにかかわらず、環境側面として抽出されていない場合
　　②環境関連法規制が順守されておらず、何も対応がとられていない場合
　　③定められた手順が達成されておらず、環境マネジメントシステムが機能していない場合
　（b）上記以外の不適合を軽微不適合とする。
　（c）不適合と判断できないが、放置すると不適合になり得る事象は、推奨事項（提案を含む）とする。
（4）監査チームは上記（3）項の評価終了後、監査結果を被監査部署の長及びその関係者に説明し、指摘事項について相互に内容の確認をする。
4．監査結果の報告及び是正処置
（1）監査チームリーダーは、被監査部署との指摘事項の確認が終了後、「内部監査実施報告書」に記入し、内部監査責任者に提出し、承認を得る。
（2）チームリーダーは、「内部監査実施報告書」に不適合、推奨事項が記載されている場合、不適合事項の領域に責任を持つ部門の長に対して「是正処置要求書／回答書」を発行する。
（3）「是正処置要求書／回答書」を受け取った部門の長は、不適合、推奨

事項の原因を調査し、特定し、不適合事項に対する是正処置内容を「是正処置要求書／回答書」に記入し、内部監査責任者に提出する。
（4）内部監査責任者は、是正処置の内容を確認する。
（5）内部監査責任者は、不適合を指摘した監査チームリーダーに是正処置の効果の確認を指示する。監査チームリーダーは、是正処置の効果の確認を行い、その評価結果を「是正処置要求書／回答書」に記入し、内部監査責任者の承認を得る。
（6）内部監査責任者は、是正処置の効果が不十分と評価された場合、当該の部門の長に再度「是正処置要求書／回答書」を発行し、是正処置の指示を行う。
（7）内部監査責任者は、不適合が重大な場合、是正処置実施後、必要に応じてフォローアップのための臨時監査を行う。
（8）内部監査責任者は、内部監査の結果に関する情報を環境管理責任者に伝達する。環境管理責任者は理事長に報告し、マネジメントレビューの際の一つの資料として用いる。
（9）推奨事項に関しては環境管理委員会において検討し、内部監査責任者に回答する。

9.3 マネジメントレビュー
　トップマネジメントは、組織の環境マネジメントシステムが、引き続き、適切、妥当かつ有効であることを確実にするために、あらかじめ定めた間隔で、環境マネジメントシステムをレビューしなければならない。
　マネジメントレビューは、次の事項を考慮しなければならない。
a)　前回までのマネジメントレビューの結果とった処置の状況
b)　次の事項の変化
　　1）　環境マネジメントシステムに関連する外部及び内部の課題
　　2）　順守義務を含む、利害関係者のニーズ及び期待
　　3）　著しい環境側面
　　4）　リスク及び期待
c)　環境目標が達成された程度

> d) 次に示す傾向を含めた、組織の環境パフォーマンスに関する情報
>   1) 不適合及び是正処置
>   2) 監視及び測定の結果
>   3) 順守義務を満たすこと
>   4) 監査結果
> e) 資源の妥当性
> f) 苦情を含む、利害関係者からの関連するコミュニケーション
> g) 継続的改善の機会
>
> マネジメントレビューからのアウトプットには、次の事項を含めなければならない。
> ―― 環境マネジメントシステムが、引き続き、適切、妥当かつ有効であることに関する結論
> ―― 継続的改善の機会に関する決定
> ―― 資源を含む、環境マネジメントシステムの変更の必要性に関する決定
> ―― 必要な場合には、環境目標が達成されていない場合の処置
> ―― 必要な場合には、他の事業プロセスへの環境マネジメントシステムの統合を改善するための機会
> ―― 組織の戦略的な方向性に関する示唆
>
> 組織は、マネジメントレビューの結果の証拠として、文書化した情報を保持しなければならない。

【大学の例】
9.3 マネジメントレビュー
1．マネジメントレビューの頻度
(1)理事長は、年1回原則として3月に、本学の環境マネジメントシステムが、引き続き適切で、妥当で、かつ有効であることを確実にするためのレビューを行う。レビューは、環境方針、並びに環境目的・目標を含む環境マネジメントシステムの改善の機会及び変更の必要性の評価を含んで実施する。
(2)理事長は、レビューの必要があると判断した場合、随時レビューを行う。
2．マネジメントレビューの手順

（1）環境管理責任者は、マネジメントレビューに必要な情報を確実に収集する。インプット情報としては次の事項を含むものとする。
  a) 前回までのマネジメントレビューの結果とった処置の状況
  b) 次の事項の変化
    1) 環境マネジメントシステムに関連する外部及び内部の課題
    2) 順守義務を含む、利害関係者のニーズ及び期待
    3) 著しい環境側面
    4) リスク及び期待
  c) 環境目標が達成された程度
  d) 次に示す傾向を含めた、本学の環境パフォーマンスに関する情報
    1) 不適合及び是正処置
    2) 監視及び測定の結果
    3) 順守義務を満たすこと
    4) 監査結果
  e) 資源の妥当性
  f) 苦情を含む、利害関係者からの関連するコミュニケーション
  g) 継続的改善の機会
（2）環境管理責任者は、マネジメントレビューに必要な情報を環境管理委員会で報告する。
（3）マネジメントレビューからのアウトプットには、継続的改善へのコミットメントに整合させて、環境方針、環境目的・目標、及びその他の環境マネジメントシステムの要素へ加えられる変更に関係する次の事項を含む。
――環境マネジメントシステムが、引き続き、適切、妥当かつ有効であることに関する結論
――継続的改善の機会に関する決定
――資源を含む、環境マネジメントシステムの変更の必要性に関する決定
――必要な場合には、環境目標が達成されていない場合の処置
――必要な場合には、他の事業プロセスへの環境マネジメントシステムの統合を改善するための機会
――本学の戦略的な方向性に関する示唆

(4) 環境管理責任者は、マネジメントレビューを記録し、保持する。
3．改善の指示
(1) 改善の指示を受けた環境管理責任者は対象部門に改善の指示を行う。指示事項については、環境管理委員会でフォローアップする。

10　改善
10.1　一般
組織は、環境マネジメントシステムの意図した成果を達成するために、改善の機会（9.1,9.2 及び 9.3）を決定し、必要な取組みを実施しなければならない。

【大学の例】
10.1　一般
内部監査、MR を主要な評価手段として、課題を明確にし、改善の取組みを決定し、確実に実施する。

10.2　不適合及び是正処置
不適合が発生した場合、組織は、次の事項を行わなければならない。
a)　その不適合が発生した場合、組織は、次の事項を行わなければならない。
　1)　その不適合を管理し、修正するための処置をとる。
　2)　有害な環境影響の緩和を含め、その不適合によって起こった結果に対処する。
b)　その不適合が再発又は他のところで発生しないようにするため、次の事項によって、その不適合の原因を除去するための処置をとる必要性を評価する。
　1)　その不適合をレビューする。
　2)　その不適合の原因を明確にする。
　3)　類似の不適合の有無、又はそれが発生する可能性を明確にする。
c)　必要な処置を実施する。
d)　とった是正処置の有効性をレビューする。
e)　必要な場合には、環境マネジメントシステムの変更を行う。

> 是正処置は、環境影響も含め、検出された不適合のもつ影響の著しさに応じたものでなければならない。
> 組織は、次に示す事項の証拠として、文書化した情報を保持しなければならない。
> ――不適合の性質及びそれに対してとった処置
> ――是正処置の結果

【大学の例】
10.2 不適合及び是正処置
1．不適合の定義
　本学では以下に不適合を定義し、2．以下の事項を実施する。
　（1）環境方針、環境目的からの逸脱、3か月連続の目標値の1/2未達成。
　（2）環境関連の法規制及びその他の要求事項、自主基準からの逸脱
　（3）利害関係者の要求事項からの逸脱（近隣苦情、行政指導など）
　（4）本学が定める環境マニュアル、手順書などからの逸脱
　（5）内部監査及び外部審査による指摘
但し、（5）項の内部監査による不適合管理及び是正処置は、9.2.2項に従って行う。
2．不適合の発見
　不適合の発見は以下の事項を情報源とする。
　（1）監視・測定の結果
　（2）内部環境監査及び外部環境監査の結果
　（3）法規制等順守評価の結果
　（4）利害関係者からの苦情、関心事
　（5）内部コミュニケーション、改善提案等
3．是正処置
　実際に発生した不適合に対して原因を除去するための処置であり、効果の確認までをいう。
4．是正処置及び管理手順
　（1）顕在する不適合を発見又は気づいた部門は実務担当教員の協力を得てこれを修正し、環境影響の緩和処置を行う。

（2）その部門の環境管理委員会メンバーが実務担当教員の協力の下、「不適合／是正処置報告書」を発行する。
（3）その部門は、自部門に関する顕在又は潜在する不適合であればその原因を特定し、それに見合った是正処置を行う。他部門に責任があるものであればすぐに該当部門に連絡し処置する。これらには実務担当教員が協力する。
（4）潜在の不適合に対しては、責任部門は、その予防処置の必要性を評価し、必要がある時は、その処置を実施する。これらには実務担当教員が協力する。
（5）是正処置及び予防処置は、問題の大きさ並びに環境影響の程度に見合ったものとする。

5．是正処置の完了報告
　責任部門は、是正処置及び予防処置の結果を実務担当教員の協力をへて「不適合／是正処置報告書」に記載し、環境管理責任者に報告する。「不適合／是正処置報告書」は環境管理委員会が保管する。

6．環境マネジメントシステム文書の改訂
　環境管理責任者は、各種不適合に対する再発防止を図るため、是正処置の有効性をレビューし、環境マニュアル、規定、手順書等の環境マネジメントシステム文書の改訂を要する場合はこれを改訂する。但し、下記の場合は実施しない。
（1）不適合の原因が特殊で再発の恐れがない場合。
（2）不適合の原因が本学の管理外である場合。

10.3　継続的改善
　組織は、環境パフォーマンスを向上させるために、環境マネジメントの適切性、妥当性及び有効性を継続的に改善しなければならない。

【大学の例】
10.3　継続的改善
　本学は、マネジメントレビューをキープロセスとして理事長からの改善

指示、日常活動や内部及び外部コミュニケーションを俯瞰しての環境管理委員会における改善の必要性の検討などを通して環境マネジメントの適切性、妥当性及び有効性を継続的に改善する。

環境影響評価表　NO.1 平成30年4月17日作成　承認：○○　作成：井上

環境側面		環境影響									リスク評価			環境情報評価				著しい環境側面	目的・目標評価				環境方針との整合
負荷項目（定常時）番号は平成30年度目標番号	発生源	大気汚染	水質汚染	土壌汚染	騒音影響	振動影響	悪臭	地球温暖化	生活環境悪化	廃棄物増加	天然資源枯渇	発生可能性 a	結果重大性 b	a+b	法規制	その他要求	利害関係者意見	事業上要求	運用上要求	改善の容易性	経済性	合計	ランク	
投入 1.電力	エアコン							○			○	3	2	5			○			○	5	5	10	A	○
	照明							○			○	3	2	5			○			○	5	5	10	A	○
	パソコン							○				3	1	4											
	コピー							○				3	1	4											
2.紙	コピー										○	3	2	5			○			○	3	4	7	A	○
	印刷										○	3	2	5			○			○	2	4	6	B	○
	帳票・書類										○	2	1	3											
6.水	トイレ		○									3	2	5			○			○	3	4	7	A	○
	生活用水		○									3	2	5			○			○	3	4	7	A	○
トナーインク	コピー印刷機									○		3	1	4											
事務品	文房具類									○		3	1	4											

環境影響評価表　NO.2 平成30年4月17日作成　承認：○○　作成：井上

環境側面		環境影響									リスク評価			環境情報評価				著しい環境側面	目的・目標評価				環境方針との整合
負荷項目（定常時）	発生源	大気汚染	水質汚染	土壌汚染	騒音影響	振動影響	悪臭	地球温暖化	生活環境悪化	廃棄物増加	天然資源枯渇	発生可能性 a	結果重大性 b	a+b	法規制	その他要求	利害関係者意見	事業上要求	運用上要求	改善の容易性	経済性	合計	ランク	
排出 排水	トイレ 生活用水		○									3	1	4											
一般廃棄物	紙類 容器包装類									○		3	1	4											
産業廃棄物	イベント廃材、什器等										○	2	2	4	○					○	4	4	8	B	○
産出	学生の内部監査員																	○		○	5	5	10	B	○

環境影響評価表 NO.3 平成30年4月17日作成　承認：　作成：井上

環境側面		環境影響										リスク評価			環境情報評価				著しい環境側面	目的・目標評価					環境方針との整合
負荷項目(有益)	発生源	大気汚染	水質汚染	土壌汚染	騒音影響	振動影響	悪臭	地球温暖化	生活環境悪化	廃棄物増加	天然資源枯渇	発生可能性 a	結果重大性 b	a+b	法規制	その他要求	利害関係者意見	事業上要求	運用上要求		改善の容易性	経済性	合計	ランク	
有益 3.環境教育																○	○			○	4	3	7	A	○
学生内部監査員の育成活動																○	○			○	3	3	6	B	○ 維持
4.地域貢献																○	○			○	5	5	10	A	○
グリーン購入															○					○	3	3	6	B	○ 維持
5.分煙の徹底																○	○			○	4	3	7	A	○

環境影響評価表 NO.4　平成30年4月17日作成　承認：　作成：井上

環境側面		環境影響										リスク評価			環境情報評価				著しい環境側面	目的・目標評価					環境方針との整合
負荷項目(有益)	発生源	大気汚染	水質汚染	土壌汚染	騒音影響	振動影響	悪臭	地球温暖化	生活環境悪化	廃棄物増加	天然資源枯渇	発生可能性 a	結果重大性 b	a+b	法規制	その他要求	利害関係者意見	事業上要求	運用上要求		改善の容易性	経済性	合計	ランク	
有益 研究論文及び出版物	(注：紀要に関しては図書学術委員会で維持管理する。)	○										1	3	4				○			3	3	6	B	

環境影響評価表 NO.5　平成30年4月17日作成　承認：　　　作成：井上

環境側面		環境影響									リスク評価			環境情報評価				著しい環境側面	目的・目標評価				環境方針との整合
負荷項目(非定常時)(火災時)	発生源	大気汚染	水質汚染	土壌汚染	騒音影響	振動影響	悪臭	地球温暖化	生活環境悪化	廃棄物増加	天然資源枯渇	発生可能性 a	結果重大性 b	a+b	法規制	その他要求	利害関係者意見	事業上要求	運用上要求		改善の容易性	経済性	合計	ランク	
排出 排煙	喫煙所 校舎	○										1	3	4				○		○	4	3		B	○
廃棄物	PCB 廃棄物			○								1	3	4	○					○	4	3		B	○

環境影響	適用法令等	要求内容	規制物質	該当の可否
\[法的及びその他の要求事項一覧表／評価表　平成30年3月31日作成　承認：○○　作成：井上\]				
全般	環境基本法	事業者の責務（第8条） ・事業活動を行うにあたっては、これに伴って生ずる煤煙、汚水、廃棄物等の処理でその他の公害を防止し、又は自然環境を適正に保全するために必要な処置を講ずる。 ・事業活動に関し、これに伴う環境への負荷の低減その他環境の保全に自ら努めると共に、国または地方公共団体が実施する環境保全に関する施策に協力する責務を有する。	全般	責務として該当 （所管部門： 　総務課）
		定期的な順守評価確認（年月日）：（平成29年3月31日）内容を最新化し、順守評価を行った結果、不順守なし。		
廃棄物	循環型社会形成推進基本法	基本原則 ・廃棄物は①発生抑制②再使用③再生利用④熱回収⑤適正処分の順に実施。（第5条～7条） 事業者の責務 ・基本原則により、原材料などが事業活動からの廃棄物となることを抑制し、循環資源となったものは自ら循環的な利用を行う。 ・事業活動に際しては、再生品を利用する等、循環型社会の形成に自ら努める。国、地方公共団体の循環型社会の形成に関する施策に協力する。	廃棄物	責務として該当 （所管部門： 　総務課）
		定期的な順守評価確認（年月日）：（平成30年3月31日）内容を最新化し、順守評価を行った結果、不順守なし。		
	廃棄物の処理及び清掃に関する法律	事業者の責務（第3条） ・事業者は、その産業廃棄物が運搬される間、以下の技術上の基準に従い保管する。 ・産業廃棄物が飛散、流出、地下浸透しないようにする。 ・騒音、振動又は悪臭等により生活環境の保全に支障が生じないよう必要な措置をとる。 ・産業廃棄物は保管施設による。 ・保管、積み替えの場所は周囲に囲いを設け、掲示板を設ける。 ・保管場所に掲示板（60cm×60cm） ①産業廃棄物の保管場所か積み替え保管か処分保管かの表示 ②廃棄物の種類　③最大積み上げ高さ（屋外で容器使用しない場合） ・産業廃棄物を他人に委託する場合は、運搬、処分は許可を受けた者に委託すること。 マニフェスト管理 ・産業廃棄物を生じる事業者は、引き渡しと同時に運搬を受託した者に対し、産業廃棄物の種類ごと、運搬先ごとに、管理表に産廃の種類、受託者氏名または名称、最終処分などを記載し、交付する。 ・管理票交付者は、交付した管理票の写し（A票）を5年間保存。 ・運搬受託者は、運搬が終了した時は10日以内に、受託者の氏名または名称、担当者名、年月日を記載し管理票交付者に管理票の写しを送付すること（B2票）。 ・処分受託者は、処分を終了したときは、受託者の氏名又は名称、担当者名、年月日、最終処分地を記載し、10日以内に、管理票交付者に管理票の写しを送付する。（D票、最終処分の場合はE票も合わせて） ・処分受託者は、中間処理産業廃棄物の最終処分が終了した旨が記載された管理票の写しの送付を受けたときは、交付された管理票又は回付された管理票に最終処分が終了した旨を記載し10日以内に管理票交付者に送付すること（E票）。	産業廃棄物 廃プラ 金属ゴミ 混合	該当 1号館 3号館 の産業廃棄物置き場 （所管部門： 　総務課）

		・下記の場合は、運搬、処分の状況を把握し、必要な措置を講ずると共に30日以内に知事に報告書を提出すること。①管理票送付後、管理票（B2、D票）の写しが90日（特別管理産業廃棄物の場合は60日）以内に、運搬業者及び処分受託者から送付がないとき。②180日以内に最終処分終了の管理票（E票）の写しの送付がないとき。③虚偽の記載がある管理票の写しの送付を受けたとき。④産業廃棄者から処理困難通知を受け当該業者から管理票の通知がない時 ・排出事業者、運搬受託者、処分受託者は、管理票又はその写しを5年間保管する。 ・管理票交付者は、事業場ごとに毎年6月30日までに前年度の交付状況を知事に提出すること。 （産業廃棄物委託基準） ・委託契約は書面にて行い、収集運搬業者及び処分業者と別々に二者契約を行うこと。 ・契約①（収集運搬契約）：廃棄物の運搬先を明記。 ・契約②（処分契約）：廃棄物の最終埋め立て先を明記。 ・委託契約書には収集運搬業者、処分業者の許可書の写しを添付。 （例）廃棄物排出地（排出事業者）がA県にあり、B県とC県を通過して、D県が廃棄物処分地（処分業者）であるとき、収集運搬業の許可はA県とD県のものが必要。処分業の許可はD県のものが必要。		
		定期的な順守評価確認（年月日）：（平成29年3月31日）内容を最新化し、順守評価を行った結果、不順守なし。		
廃棄物	家電リサイクル法	特定家庭用機器（ユニット型エアコン（建物と独立している物全て）、ブラウン管・液晶・プラズマ式テレビ、冷蔵庫（冷凍庫）、洗濯機（乾燥機））を排出する事業者。 ・廃棄物として排出する場合は、運搬する者などに適切に引き渡し、料金の支払いに応じる。 ・小売業者は排出者に対して、製造業者等又は指定法人に引き渡すための収集、運搬に関する料金を請求できる。（収集運搬料金とリサイクル料金は別）	左記の家電	テレビ、冷蔵庫などに該当品あり （所管部門：総務課）
		定期的な順守評価確認（年月日）：（平成30年3月31日）内容を最新化し、順守評価を行った結果、不順守なし。		
廃棄物	パソコン回収省令	・事業系パソコンは産業廃棄物として排出時に排出業者が再資源化に必要な対応を支払う。	パソコン	該当 （所管部門：総務課）
		定期的な順守評価確認（年月日）：（平成30年3月31日）内容を最新化し、順守評価を行った結果、不順守なし。		
廃棄物	フロン回収破壊法	・CFC、HCFC、HFCをフロン類といい、フロン類が充填されている業務用エアコン等を第1種特定製品といい、これらの廃棄者及び譲渡者 ・第1種特定製品の廃棄等を行う者は、第1種フロン類回収業者にその製品のフロン類を引き渡すこと。この時「回収依頼書」を交付する。 ・第1種特定製品を整備しようとする者において製品に充填されているフロン類を回収する必要がある時は回収作業を第1種フロン回収業者に委託すること。	フロン	現在のところ該当しない （所管部門：総務課）
		定期的な順守評価確認（年月日）：（平成30年3月31日）内容を最新化し、順守評価を行った結果、不順守なし。		

購入物	グリーン購入法	・事業者はできる限り環境物品等を選択するように努める。 ・環境物品等の調達を総合的かつ計画的に推進するため特定調達品目及び判断基準を定める。 ・紙類・文具類・オフィス家具類・ＯＡ機器・移動電話・エアコン等・温水等・照明・自動車等・消火器・制服・作業服・インテリア、寝装寝具・作業手袋・その他繊維製品・設備（太陽光発電等）・防災備蓄用品・公共工事・役務（省エネ診断他）ここで示された物品名、判断基準は事業者のグリーン購入に際しても参考になる。	購入品	努力義務 （所管部門： 　　総務課）
		定期的な順守評価確認（年月日）：（平成30年3月31日）内容を最新化し、順守評価を行った結果、不順守なし。		
火災	消防法	（第8条）防火管理者の選任（第8条） ・学校の権限を有する者は、防火管理者を定め、防火計画の策定、消防計画に基づく消火・通報・避難訓練の実施、消防の用に要する設備、消防用水又は消防活動上必要な設備の点検及び整備、火気の使用又は取扱いに関する監督、消防用水又は消火活動上必要な施設の点検及び整備、火気の使用又は取扱いに関する監督、避難又は防火上必要な構造及び設備の維持管理並びに収容人員の管理その他防火管理上必要な業務を行なわせなければならない。 ・前項の権限を有する者は、同項の規定により防火管理者を定めたときは、遅滞なくその旨を所轄消防長又は消防署長に届け出なければならない。これを解任したときも、同様とする。		該当 （所管部門： 　　総務課）
		定期的な順守評価確認（年月日）（平成30年3月31日）内容を最新化し、順守評価を行った結果、不順守なし。		
火災	消防法施行令	防火管理者の責務（第4条） ・防火管理者は、防火管理上必要な業務を行う時は、必要に応じて当該防火対象物の管理について権限を有する者の指示を求め、誠実にその職務を遂行しなければならない。 ・防火管理者は、消防の用に供する設備、消防用水若しくは消火活動上必要な施設の点検及び整備又は火気の使用もしくは取扱いに関する監督を行う時は、火元責任者その他の防火管理の業務に従事する者に対し、必要な指示を与えなければならない。 ・防火管理者は、総務省令で定めるところにより、防火管理に係る消防計画を作成し、これに基づいて消火、通報及び避難の訓練を定期的に実施しなければならない。 防火対象物の指定（第6条） ・法第十七条第一項の政令で定める防火対象物は、別表第一に掲げる防火対象物とする。 第十七条　学校、病院、工場、事業場、興行場、百貨店、旅館、飲食店、地下街、複合用途防火対象物その他の防火対象物で政令で定めるものの関係者は、政令で定める消防の用に供する設備、消防用水及び消火活動上必要な施設（以下「消防用設備等」という。）について消火、避難その他の消防の活動のために必要とされる性能を有するように、政令で定める技術上の基準に従って、設置し、及び維持しなければならない。		該当 （所管部門： 　　総務課）
		定期的な順守評価確認（年月日）：（平成30年3月31日）内容を最新化し、順守評価を行った結果、不順守なし。		
火災	消防法施行規則	消防計画（第3条） ・防火管理者は、防火対象物の位置、構造及び設備の状況並びにその使用状況に応じ、当該防火対象物の管理について権限を有する者の指示を受けて防火管理に係る消防計画を作成し、届出書によりその旨を所轄消防長又は消防署長に届け出なければならない。防火管理に係る消防計画を変更するときも、同様とする。		該当 （所管部門： 　　総務課）

分類	法律名	内容	数値基準	該当/非該当
		定期的な順守評価確認（年月日）：（平成30年3月31日）内容を最新化し、順守評価を行った結果、不順守なし。		
教育	環境の保全のための意欲の増進及び環境教育の推進に関する法律（環境教育推進法）	・民間団体は、環境保全活動及び環境教育を自ら進んで行うように努めると共に、他の者が行う環境保全活動及び環境教育に協力するように努める。（法4条） ・民間団体、事業者はその雇用する者の環境保全に関する知識や技能を向上させるように努める。（法10条）		責務として該当（所管部門：教務課）
		定期的な順守評価確認（年月日）：（平成30年3月31日）内容を最新化し、順守評価を行った結果、不順守なし。		
教育	環境配慮促進法	・（事業者の責務）事業活動に関し、環境情報の提供を行うように努め、他の事業者に対する投資などはその事業者の環境情報を勘案して行うように努める。（法4条） ・（事業活動に係る環境配慮等の状況の公表）環境報告書には次のような内容を記載する。 ①環境配慮の方針やそれに基づく目標、計画、その達成状況。 ②環境マネジメントシステムの状況や環境規制の順守状況。 ③事業活動によって生ずる環境負荷を示す数値と負荷低減のための取り組み状況。 ④環境への負荷の低減に資する製品等。		責務として該当（所管部門：総務課）
		定期的な順守評価確認（年月日）：（平成30年3月31日）内容を最新化し、順守評価を行った結果、不順守なし。		
省エネ	改正省エネ法	経済産業局への届け出（法7条） ・本学は右欄に示す数値以下のエネルギー使用量であるので届け出義務はない。 ・しかし、エネルギー使用の合理化に努める努力義務はある。（法4条）	1500KL/年、600万KWh/年以上	非該当
		定期的な順守評価確認（年月日）：（平成30年3月31日）上記項目について調査の結果、非該当を確認。		
省エネ	地球温暖化対策推進法	事業所所管大臣（文部科学大臣）への届け出（令5） ・本学はこの法律でいう「特定排出者」（改正省エネ法の届け出義務のある事業所）に相当しないので、温室効果ガス算出排出量の届け出義務はない。 ・しかし、事業活動に関し、温室効果ガス排出抑制などの措置を講じるように努め、同時に国、地方公共団体の実施する施策に協力する責務はある。	1500KL/年、600万KWh/年以上	非該当
		定期的な順守評価確認（年月日）：（平成30年3月31日）上記項目について調査の結果、非該当を確認。		
教育	環境の保全と創造に関する兵庫県条例	環境に関する学習の推進（9条） ・事業者及び県民は、環境についての理解を深めると共に、環境の保全と創造に関する活動を行う意欲を増進するため、自ら環境についての学習に主体的に取り組むと共に、工場等及び家庭において、環境についての教育を行うように努めなければならない。		該当（所管部門：総務課）
		定期的な順守評価確認（年月日）：（平成30年3月31日）内容を最新化し、順守評価を行った結果、不順守なし。		
廃棄物	神戸市廃棄物の適正処理、再利用及び美化に関する条例	廃棄物減量等計画書（30条） ・指定建築物（3000㎡以上）の所有者は、当該指定建築物から生ずる廃棄物の再利用等による減量及び適正な処理に関する計画（「廃棄物減量等計画」）を当該指定建築物の占有者の協力を得て作成し、市長に提出しなければならない。 ・指定建築物の所有者は、当該指定建築物の占有者に前項の規定により作成した減量等計画を順守させなければならない。	廃棄物 ・生ゴミ ・粗大ゴミ 資源物 ・紙	該当（所管部門：総務課）

		定期的な順守評価確認（年月日）：（平成30年3月31日）。内容を最新化し、順守評価を行った結果、不順守なし。	・缶・ビン・ペットボトル	
廃棄物	ポリ塩化ビフェニル廃棄物の適正な処理の推進に関する特別措置法（PCB特別措置法）PCB特別措置法施行令（平成24年12月12日改正）廃棄物処理法第12条の2第2項、同法施行規則第8条の13	事業者の責務（第3条） ・事業者はそのポリ塩化ビフェニル廃棄物を自らの責任において確実かつ適正に処理しなければならない。 保管等の届け出（第8条） ・毎年度、都道府県に保管量を届け出なければならない。 期間内の処分（第10条） ・政令で定める期間に処分するかまたは処分を委託しなければならない。施行令（平成24年12月12日）によると、2027年3月31日までに実施しなければならない。 譲渡し及び譲り受けの制限 ・何人もポリ塩化ビフェニル廃棄物を譲渡し、又譲り受けてはならない。 ・PCB保管の方法 (1) 周囲に囲いが設けられていること。 ・保管場所に容易に他人が立ち入ることがないようにすべきである。 ・倉庫や保管庫など施錠できる場所での保管が望ましい。 (2) 廃棄物の種類などを表示した掲示板が設けられていること。掲示板は縦横それぞれ60cm以上とし、以下の事項を表示したものであること。 ・特別管理産業廃棄物の保管場所であること。 ・保管する特別管理産業廃棄物の種類 ・保管場所の管理者の氏名又は名称及び連絡先 (3) 飛散、流出、地下浸透、悪臭が発散しないよう必要な措置を講ずること。 ・ドラム缶などの密閉容器で保管することが望ましい。 (4) ねずみが生息し、及び蚊、はえその他の害虫が発生しないようにすること。 (5) 他の物が混入する恐れがないよう仕切りを設けるなど必要な措置を講ずること。 ・ドラム缶などの密閉容器で保管することが望ましい。 (6) PCB廃棄物については、容器に入れ密封することなど揮発の防止のために必要な措置及び高温にさらされないために必要な措置を講ずること。 ・ドラム缶などの密閉容器で保管することが望ましい。 ・ボイラー室など高温にさらされる場所は避けるべきである。 (7) PCB汚染物又はPCB処理物については、腐食防止のために必要な措置を講ずること。 ・ドラム缶などの密閉容器で保管することが望ましい。	ポリ塩化ビフェニル廃棄物（PCB廃棄物）	該当（所管部門：総務課）
		定期的な順守評価確認（年月日）：（平成30年3月31日）。内容を最新化し、順守評価を行った結果、不順守なし。		
その他要求事項		調査の結果なし。		非該当
		定期的な順守評価確認（年月日）（平成30年3月31日）。 調査の結果、その他要求事項はないことを確認。		

2018年度環境目的・目標実施計画／報告書　NO．1　　平成30年4月25日作成　　承認：〇〇　作成：井上

NO.	2018年度目標	達成のための手段		年間スケジュール 4 5 6 7 8 9 10 11 12 1 2 3	責任者
1.	過去3年間の平均使用量の3%減。(昼休みに学生が教室・トイレを消灯して回ることは例年通り)	・夏：教室28℃、教室以外29℃。冬：20℃・トイレ、教室は最終退出者が消灯・昼休みの事務室は消灯	計画	〇 〇 〇 〇 〇 〇 〇 〇 〇 〇 〇 〇	実務担当教員
			実績	4月14%減、5月7%減、6月2%減、7月8%減、8月21%減、9月13%減、10月9%減、11月13%減、12月0%減、1月6%減、累計削減率9%減（全館で計算）	
	環責所見	4～6月：全ての月で減少しているのは立派。	7～9月：全ての月で減少しているのは立派。	10～12月：全ての月で減少しているのは立派。	1～3月	
3.	環境教育：オープンキャンパスや環境セミナーにおいて、来場者に環境教育を行う。オープンキャンパスは年5回。	オープンキャンパスでイベント実施。11月29日、本学、環境経営学会共催で環境経営セミナー実施。	計画	〇〇〇　　〇　　〇〇	実務担当教員
			実績	オープンキャンパス：温暖化実験、エコ検定体験、きき水、携帯電話回収、11/29 環境経営セミナー（企業中心に約50名参加）	
	環責所見	4～6月 この期間は非該当	7～9月 OCで温暖化実験・エコ検定体験・きき水・携帯話からの貴金属回収等。	10～12月 11/29 環境経営セミナー実施。	1～3月	

2018年度環境目的・目標実施計画／報告書　NO．2　　平成30年4月25日作成　　承認：〇〇　作成：井上

NO.	2018年度目標	達成のための手段		年間スケジュール 4 5 6 7 8 9 10 11 12 1 2 3	責任者
維持管理項目	学生内部環境監査員養成：・学内内部監査を12月22日に実施。(維持管理項目)	理事長・法人本部長・事務局長・総務課長・実務担当教員に対して財務課長及び学生が内部監査を実施。	計画	〇	実務担当教員
			実績	関西の私立大学でISO14001を実際に認証取得して、内部環境監査員資格を出している大学はK大学のみである。	
	環責所見	4～6月「環境マネジメント論」の授業で内部監査員養成	7～9月「環境マネジメント論」の授業で内部監査員養成	10～12月 12/22内部環境監査「環境マネジメント演習」の授業で内部監査員養成	1～3月「環境マネジメント演習」の授業で内部監査員養成	
4.	地域貢献：学園周辺の清掃活動を実施する。（毎月1回）	・毎月第2水曜日の午前8時15分より、教員、事務職員、学生で地域清掃	計画	〇 〇 〇 〇 〇 〇 〇 〇 〇 〇 〇 〇	実務担当教員
			実績	・毎月第2水曜日の午前清掃に短大の教員・学生も参加。毎回、教員・学生が15名程度参加	
	環責所見	4～6月 4/9 教職員・学生清掃 5/24 学生清掃 5/14 教職員・学生清掃	7～9月 6/11 教職員・学生実施 7/9 教職員・学生実施 9/24 教職員・学生実施	10～12月 10/8 教職員・学生清掃 11/12 教職員・学生清掃 12/10 教職員・学生清掃	1～3月 1/7 教職員・学生清掃	

2018年度環境目的・目標実施計画 ／報告書 NO.3　　平成30年4月25日作成　　承認：○○　作成：井上

NO.	2018年度目標		達成のための手段		年間スケジュール 4 5 6 7 8 9 10 11 12 1 2 3				責任者
2.	コピー枚数削減：昨年度の2%減。		・共同研究室のコピー機の使用に個人認証を設定。・3号館受付機器にも個人認証を設定	計画	○ ○ ○ ○ ○ ○ ○ ○ ○ ○ ○ ○				総務課長
				実績	4月24%増、5月22%減、6月3%減、7月12%減、8月13%減、9月4%増、10月23%減、11月15%減、12月1%増、1月15%減　累計：3%減　（1＋3号館）				
	環責所見	4～6月 4月は8・9年度初めでコピー枚数が増加するのは致し方ないであろう。	7～9月 8月が多い理由は不明。9月は後期の始まりなので増加している。		10～12月		1～3月		
6.	節水の励行		水の使用量を昨年度より3%削減する。学内掲示や職員への徹底（課長会など）	計画	○ ○ ○ ○ ○ ○ ○ ○ ○ ○ ○ ○				総務課長
				実績	4・5月：12%減、6・7月：16%減、8・9月：4%減、累計：10%減（全館で計算）				
	環責所見	4～6月 4・5月の削減率が12%を達成できたのはよかった。	7～9月 6・7月の削減率16%削減は立派。8・9月の削減率も4%を達成した。		10～12月		1～3月		

2018年度環境目的・目標実施計画 ／報告書 NO.4　　平成30年4月25日作成　　承認：○○　作成：井上

NO.	2018年度目標		達成のための手段		年間スケジュール 4 5 6 7 8 9 10 11 12 1 2 3				責任者
5.	分煙の徹底		・喫煙は喫煙場で行うようにオリエンテーションやゼミ等で学生に指導。	計画	○ ○ ○ ○ ○ ○ ○ ○ ○ ○ ○ ○				総務課長
				実績	校内では喫煙場所以外で、喫煙する学生は見受けられない。				
	環責所見	4～6月 問題なし 維持管理	7～9月 問題なし 維持管理		10～12月 問題なし 維持管理		1～3月 維持管理		
維持管理項目	緊急時として想定している火災時の消防・避難訓練（維持管理項目）		職員と学生：3号館で9/29（月）の2時間目終了時に実施。消火器の使用訓練には約50名が自発参加。	計画	○				総務課長
				実績	・昨年は夏休み中であったので、学生は5名のみであったが今年は後期の授業開始後に実施で参加者が多かった。				
	環責所見	4～6月	7～9月 学生の参加者が増えたのでよかった。		10～12月		1～3月		

目的・目標一覧表　　　　　　　　　　　　　　　平成30年4月17日　承認：○○　作成：井上

環境目的（番号は平成30年度目標）	平成28年度目標	平成29年度目標	平成30年度目標
1．電力使用量削減	過去3年間平均使用量の10％減夏：教室28℃、教室以外29℃ 冬：全20℃ 最終退出者は教室トイレ消灯。昼休み事務室消灯。	過去3年間平均使用量の7％減夏：教室28℃、教室以外29℃ 冬：全20℃ 最終退出者は教室トイレ消灯。昼休み事務室消灯。	過去3年間平均使用量の3％減 夏：教室28℃、教室以外29℃ 冬：全て20℃ トイレ消灯。昼休み事務室消灯。
3．環境教育	オープンキャンパスや環境セミナーにおいて来場者に環境教育を行う。（年5回以上）	オープンキャンパスや環境セミナーにおいて来場者に環境教育を行う。（年5回以上）	オープンキャンパス、環境セミナーにおいて来場者に環境教育を行う。
学生内部環境監査員の育成	学生内部監査員を本学EMS内部監査に参加させると共に外部審査に同席させる。	学生内部監査員を本学EMS内部監査に参加させると共に外部審査に同席させる。	学生内部監査員を本学EMS内部監査に参加させる。（維持管理項目）
4．地域貢献	毎月1回学園周辺の清掃活動を行う。	毎月1回学園周辺の清掃活動を行う。（毎月第二水曜日）	毎月1回学園周辺の清掃活動を行う。（毎月第二水曜日）
2．コピー枚数の削減	コピー用紙の削減枚数を昨年度より、3％削減する。	コピー用紙の削減枚数を昨年度より、3％削減する。	コピー用紙の削減枚数を昨年度より、2％削減する。
6．節水の励行			水の使用量を昨年より3％削減。
5．分煙の徹底	H.25.4.1の兵庫県条例「受動喫煙の防止に関する条例」実施に先立ち分煙の徹底を図る。	H.25.4.1の兵庫県条例「受動喫煙の防止に関する条例」実施に伴い分煙の徹底を図る。	H.25.4.1の兵庫県条例「受動喫煙の防止に関する条例」実施に伴い分煙の徹底を図る。

照明・空調機器省エネ手順書	承認	作成	文書番号	制定日
	○○	井上	T-001	2018.4.1 第3版

1．目的
この手順書は、K大学EMSにおける照明機器・空調機器における省エネに関して定めたものである。

2．取組内容及び役割
①学生
（1）環境管理委員会の教員から指名された内部環境監査員またはそれを目指すものは、昼休みに3号館の教室及びトイレを巡回し、消灯及び空調機の電源が切られていることを確認する。電源が切られていない場合は電源を切る。これらはチェック表に記入する。

②教員
（1）授業を実施するにあたっては、授業に支障をきたさない範囲において消灯に努める。
（2）教員は授業終了後消灯を行う。
（3）授業中に空調機器を使用する場合は、冷房時28℃、暖房時20℃を標準とする。
（4）授業終了後は空調機器の電源を切る。
（5）個人研究室においても研究などに支障をきたさない範囲で消灯に努める。
（6）個人研究室においても空調機器を使用する場合は、冷房時28℃、暖房時20℃を標準とする。

③事務員
（1）業務に支障が出ない限り、昼休みは消灯する。
（2）空調機器を使用する場合は、冷房時28℃、暖房時20℃を標準とする。
（3）最終退出者は電源を切る。
（1）、（2）の責任は各課の長またはそれに代わる者が負う。

廃棄物管理手順書	承認	作成	文書番号	制定日
	○○	井上	T-003	2018.9.1 初版

1．目的
　この手順書は、本学から排出される廃棄物の適正処理と環境汚染を防止することを目的とする。

2．取組内容及び役割
（1）この手順書は、本学から排出される廃棄物の保管、マニフェストの運用等について適用する。
（2）廃棄物管理責任者は総務課長とし、廃棄物置場の管理、マニフェスト伝票の管理等を行う。

3．保管
　廃棄物は、外部へ委託処理を行うまでは、下記事項を配慮して定められた場所に一時保管する。
（1）悪臭や衛生上の問題を起こさないように配慮する。
（2）環境美化と安全に配慮する。
（3）保管場所は、3号館では駐車場横、1号館ではピロティの端とする。保管場所には、60cm×60cmの表示板を設置し、廃棄物の種類、保管責任者、連絡先及び保管場所であることを明示する。

4．産業廃棄物業者への委託
（1）業者は知事（又は市長）から許可を得た収集運搬業者又は処理業者とする。
（2）業者との委託契約は法的に定められた内容で行う。契約書は5年間保管する。

5．産業廃棄物管理票の発行
　産業廃棄物を委託する場合は、総務課長が法令で定められた「廃棄物管

理票」(マニフェスト)を発行する。
(1) マニフェストは法的に定められた記入要件を満たす。
(2) マニフェストについては、A1、B1、B2、C1、C2、D、E票の7枚綴り(複写式)を発行する。
(3) 処理委託日から90日以内にB2、D票が返却されなかった場合は、法令に定める報告書を知事に届け出する。なお、これらの届け出期限よりも少なくとも10日前に返却されていない場合は委託先へ返却の督促を行う。
(4) 処理委託日から180日以内にE票が返却されなかった場合は、法令に定める報告書を知事に届け出する。なお、この届け出期間よりも少なくとも1カ月前に返却されていない場合は委託先へ返却の督促を行う。

6．廃棄物管理票の流れと保管・報告
(1) マニフェストの流れは次による。

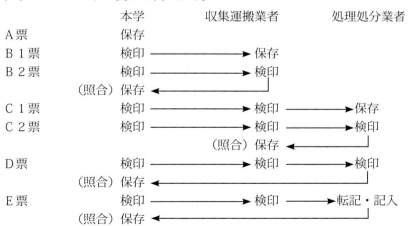

（注）D票は中間処理業者が排出事業者に送る票であり、E票は最終処理業者が排出業者に送る票である。本学は中間処理業者を利用しないので、D票とE票が同時に送られてくる。
(2) 総務課は、法令に基づきマニフェストを5年間保存する。

（3）総務課長は、マニフェストの交付状況報告書を毎年 3 月 31 日までの分を 6 月 30 日までに知事に提出す。

【主要参考文献】

第1部　サステナビリティ経営
第1章　環境経営とは
- 金原達夫『環境経営入門（改定版）』（2017、創成社）
- 井上尚之『環境学－歴史・技術・マネジメント』（2011、関西学院大学出版会）
- 井上尚之『科学技術の発達と環境問題（2訂版）』（2015、関西学院大学出版会）
- 千葉三樹夫『トヨタ「環境経営」－ゼロエミッションへの挑戦』（2001、かんき出版）
- 経団連ホームページ www.keidanren.or.jp
- 日本エネルギー経済研究所計量分析ユニット編『EDMCエネルギー・経済統計要覧2017年版』（2017、省エネルギーセンター）

第2章　日本における環境経営の本格始動
- JABホームページ www.jab.or.jp
- 東京商工リサーチホームページ www.tsr-net.co.jp
- トヨタ自動車株式会社公式企業サイト www.toyota.co.jp
- アサヒビールホームページ www.asahibeer.co.jp
- 宮崎正浩『持続可能性経営』（2016、現代図書）
- 川村雅彦『ＣＳＲ経営　パーフェクトガイド』（2015、Nanaブックス）
- 環境経営学会編『サステイナブル経営格付／診断2008 環境経営の手引き』（2008、環境経営学会）
- 経済同友会ホームページ www.doyukai.or.jp

第3章　ISO26000とサステナビリティ経営
- ISO/SR国内委員会『日本語訳 ISO26000:2010 社会的責任に関する手引き』（2011、日本規格協会）
- 関正雄『ISO26000を読む　人権・労働・環境…。社会的責任の国際規格ISO/SRとは何か』（2011、日科技連）
- 『サステナビリティ　データブック　2017』（2017、パナソニック株式会社）
- 『G4サステナビリティ・レポーティング・ガイドライン』（2014、GRI）

第4章　国連主導のＣＳＲ－ＳＤＧｓ
- 国連広報センターホームページ www.unic.or.jp
- 『サスティナビリティデータブック2016』（2016、味の素株式会社）
- GRI、国連グローバル・コンパクト、持続可能な開発のための世界経済人会議共同作成『SDG COMPASS　SDGsの企業行動指針－SDGsを企業はどう活用するか―』（2015、グローバル・コンパクト・ネットワーク・ジャパン）
http://sdgcompass.org/wp-content/uploads/2016/04/SDG_Compass_Japanese.pdf
- M.E.ポーター著　土岐坤訳『競争優位の戦略―いかに好業績を持続させるか』（1985、ダイヤモンド社）
- ILOホームページ www.ilo.org/tokyo
- ハーマン・E・デイリー著　新田功他訳『持続可能な発展の経済学』（2005、みすず書房）

- カール・ヘンリク・ロベール著　市川俊男訳『新装版　ナチュラル・ステップ—スゥエーデンにおける人と企業の環境教育』(2010、新評論)
  第5章　ＣＳＶ登場
- 『DIAMOND ハーバード・ビジネス・レビュー June 2011』「共通価値の戦略」(2011、ダイヤモンド社)
- 『DIAMOND ハーバード・ビジネス・レュー January 2008』「競争優位の CSR 戦略」(2008、ダイヤモンド社)
- 藤井敏彦『ヨーロッパの CSR と日本の CSR』(2007、日科技連出版社)
- 内閣府国民生活局企画課『社会的責任の取組促進に向けた欧州連合の取組について』(2008)
- 下田屋毅『欧州の CSR の潮流』(2012年6月、日本ＬＣＡ学会環境情報研究会)
- ドラッカー名著集　上田惇生訳『マネジメント—課題、責任、実践』(2008、ダイヤモンド社)
- 金融庁ホームページ www.fsa.go.jp/news
- JPX 取引所グループホームページ www.jpx.co.jp
- 古川芳邦他『ムダを利益に料理する　マテリアルフローコスト経営』(2014、日本経済新聞出版社)
- 國分克彦他『マテリアルフローコスト会計』(2008、日本経済新聞出版社)
- 國分克彦編著『環境管理会計入門　理論と実践』(2004、産業環境管理協会)
  第6章　環境技術と環境ビジネス
- NEDO 国立研究開発法人・新エネルギー産業技術総合開発機構 www.nedo.go.jp
- 井上尚之『環境学—歴史・技術・マネジメント』(2011、関西学院大学出版会)
- 今村雅人『最新　再生ビジネスがよくわかる本』(2016、秀和システム)

第2部　環境マネジメントシステム ISO14001
  第1章　環境マネジメントシステムとは
- 日本適合性認定協会ホームページ www.jab.or.jp
- 産業環境管理協会ホームページ www.jemai.or.jp
- 吉田敬史『効果の上がる ISO14001:2015　実践のポイント』(2015、日本規格協会)
  第2章　ISO14001 の規格と実際の環境マニュアルの例
- 吉田敬史他『ISO14001:2015（JISQ14001:2015）要求事項の解説』
- 日本能率協会審査登録センター編著『改訂 ISO14001 対応・導入マニュアル』(2015、日刊工業新聞社)
- 平林良人他編著『2015年版対応 ISO14001 規格のここがわからない』(2015、日科技連)
- 内藤壽夫他編著『2015年対応 ISO14001 マネジメントシステム構築・運用の仕方』(2016、日科技連)

索　引

【第1部】
（アルファベット順）

CSR	42、43、44
CSR 関連基準	105
CSV	100、109
ESG 投資	111
EV	159、160
FCV	160、164
GRI	60
HV	158、159、160
ILO 中核的労働基準	93
ISO14001:1996	34
ISO14001 認証取得と環境報告書等の発行の関係	107
ISO14051	121
ISO26000	48
JAB	36
MDGs	63
NEV 規制	142、160
OECD 多国籍企業行動指針	97
PHV	159、160
SDGs	63、70、72、75
SRI	45、111
SUV	159
ZEV 規制	142、160

（あいうえお順）

エコウィル	161
エネファーム	163
温度差熱利用	154
革新的な高度利用技術	158
カーボンオフセット	126
カーボンニュートラル	138、140、143
環境基本法	28
環境経営	11
環境と開発に関するリオデジャネイロ宣言	93
企業市民制度	58
気候変動枠組み条約	25
京都議定書	25
京都メカニズム	26
グローバル・コンパクト	91
国別太陽光発電累積設置量	128
経済同友会	43
経団連地球環境憲章	19
経団連企業行動憲章	95
国連グローバル・コンパクト 10 原則	91
国連責任投資原則	111
コーポレート・ガバナンス	46
コーポレートガバナンス・コード	116、117
再生可能エネルギー	122
再生可能エネルギー固定買取制度（FIT）	124、129
サステナビリティ経営	40、48、117
サプライチェーン	45、53
サボニウム風力発電	132
持続可能な開発（発展）	18、20、23、63
循環型社会形成推進基本法	29
新エネルギー	122
スチュワードシップ・コード	113
3R	38
成績係数	156
世界人権宣言	91
世界風力発電容量	131
雪氷熱利用	157
ゼロエミッション	39
ソーラーシェアリング	129
太陽光発電	125
太陽熱利用	150
タワートップ方式太陽熱発電	153
地球サミット	23
地熱発電	148
地熱発電買取電力量経年推移	150
中小規模水力発電	144
中小規模水力発電買取電力量経年推移	148
貯水池式水力発電	145、146
デザーテックプロジェクト	154
デューディリジェンス	51
天然ガスコージェネレーション	160
天然ガス燃焼熱のカスケード利用	162
倒産件数と倒産負債総額	35
トラフ式太陽熱発電	153
トリプルボトムライン	41
トヨタの環境経営	37
流れ込み式水力発電	145、146
ナチュラル・ステップのシステム条件	98
日本の ISO14001 認証取得企業数の変遷	34
日本の太陽光発電導入量の経年変移	128
日本の電源構成	125
日本の風力発電の導入容量と基数	130
燃料電池	160、162
バイオエタノール	137
バイオガス	137
バイオディーゼル	140
バイオマス熱利用	137
バイオマス燃料製造	137、140
バイオマス発電	137、142
バイオマス発電買取電力量の経年推移	144
バイナリー方式地熱発電	149、150
発電価格	124
バードストライク	135
ハーマン・デイリーの持続可能性のための 3 原則	98

項目	ページ
パリ協定	30、33
バリューチェーン	72、82、100、102、108
ヒートポンプ	155
ビール工場のゼロエミッション	39
フィランソロピー	3、43
風力発電	129
腐敗防止に関する国連条約	94
報告書の名称	106
ポーター	100、103
マテリアルフローコスト会計（MFCA）	118、121
木質燃料	137

【第2部】

（アルファベット順）

項目	ページ
ISO14001:2004	173
ISO14001:2015	173
PDCAサイクル	169
SWOT分析	185

（あいうえお順）

項目	ページ
運用	204、205
運用の計画及び管理	205
エコファンド	172
改善	216
環境影響発生の可能性と結果の重大性	190
環境影響評価表	220、221、222
環境側面	169、186、188
環境側面のレビュー	189
環境パフォーマンス	171、181、187、207、208
環境方針	179、180
環境マネジメントシステムの適用範囲	176
環境マネジメントシステムの文書体系	201
環境リスクによる評価	189
環境目的及び目標設定のための評価	194
環境目的・目標実施計画	228、229
環境目標	193
環境目標を達成するための取組みの計画策定	195
外部コミュニケーション	200
監視、測定、分析及び評価	207、208
機会	214
緊急事態への準備及び対応	206
記録の管理	203
グリーン購入	171
継続的改善	218
コミュニケーション	199
作成及び更新	202
支援	196
資源	196
順守義務	191
順守評価	209
照明・空調機器省エネ手順書	231
組織及びその状況の理解	175
組織の役割、責任及び権限	181
取組の計画策定	192
内部監査	210
内部監査プログラム	210、211
内部コミュニケーション	200
認識	198
廃棄物管理手順書	232
パフォーマンス評価	207、208
5R	180
不適合及び是正処置	216、217
法的及びその他の要求事項一覧表	223
マネジメントレビュー	213、214
利害関係者のニーズ及び期待の理解	175、176
力量	197
リスク及び機会への取組み	184
リーダーシップ及びコミットメント	177、178
文書化した情報	201
文書化した情報の管理	203

［著者紹介］

井上　尚之（いのうえ・なおゆき）

大阪生まれ。京都工芸繊維大学卒業。大阪府立大学大学院総合科学研究科修士課程修了。学術修士。大阪府立大学大学院人間文化学研究科博士後期課程修了。博士（学術）。
関西国際大学現代社会学部総合社会学科教授。現在同大学客員教授。関西学院大学・甲南大学等兼任講師。環境経営学会副会長。環境計量士。ISO14001審査員。
専攻：サステナビリティ経営、科学技術史

【単著書】
『新国際関係論』『日本ファイバー興亡史－荒井溪吉と繊維で読み解く技術・経済の歴史－』（以上大阪公立大学出版会）、『科学技術の発達と環境問題（2訂版）』（東京書籍）、『環境学－歴史・技術・マネジメント』（環境経営学会実践貢献賞受賞作品）、『ナイロン発明の衝撃－ナイロン発明が日本に与えた影響』、『生命誌―メンデルからクローンへ』、『原子発見への道』（以上関西学院大学出版会）、『風呂で覚える化学』（教学社）等

【共著書】
『サステナビリティと中小企業』（同友館）、『環境新時代と循環型社会』（学文社）、
『科学技術の歩み―STS的諸問題とその起源』（建帛社）等

【共訳書】
『蒸気機関からエントロピーへ－熱学と動力技術』（平凡社）等
その他著書・論文多数。

サステナビリティ経営 −JISQ14001:2015 及び環境マニュアル付−

2018年2月28日　初版第1刷発行
2022年9月15日　初版第3刷発行

著　者　井上尚之
発行者　八木孝司
発行所　大阪公立大学出版会（OMUP）
　　　　〒599-8531 大阪府堺市中区学園町1−1
　　　　大阪公立大学内
　　　　TEL　072（251）6533
　　　　FAX　072（254）9539
印刷所　和泉出版印刷株式会社

©2018 by Naoyuki Inoue. Printed in Japan　　第3刷より本体価格変更
ISBN978-4-909933-40-9